国家星火计划培训丛书

生物技术在养殖业中的应用与实践

主 编 科学技术部农村科技司

编 著 唐清池

参 编 张福亮 刘希鹏 郭银保 王学宾
程 涛 白 帅 李忠宏 董振华
郝红伟 程雅珍 车 缇 赵韶琴

中国农业大学出版社
·北京·

图书在版编目（CIP）数据

生物技术在养殖业中的应用与实践 / 唐清池编著
-- 北京 ：中国农业大学出版社，2015.12
ISBN 978-7-5655-1437-1

Ⅰ. ①生… Ⅱ. ①唐… Ⅲ. ①生物技术—应用—养殖业—研究 Ⅳ. ①S8

中国版本图书馆CIP数据核字（2015）第269344号

书　　名　生物技术在养殖业中的应用与实践
作　　者　唐清池

责任编辑　张　蕊　张　玉
封面设计　覃小燕
出版发行　中国农业大学出版社
社　　址　北京市海淀区圆明园西路2号　　邮政编码　100193
电　　话　发行部 010-62818525,8625　　读者服务部 010-62732336
　　　　　编辑部 010-62732617,2618　　出　版　部 010-62733440
网　　址　http://www.cau.edu.cn/caup　　E-mail cbsszs@cau.edu.cn
经　　销　新华书店
印　　刷　廊坊市蓝海德彩印有限公司
版　　次　2015年12月第1版　　2015年12月第1次印刷
规　　格　850×1 168　32开本　4.25印张　114千字
定　　价　15.00元

图书如有质量问题本社发行部负责调换

《国家星火计划培训丛书》编委会

前言

国家科技部于1986年提出的星火计划，对推广各项新技术，推动农村经济发展，引导农民增收致富，发挥了巨大的作用。科技部十分重视对农村干部、星火带头人、广大农民的科技培训，旨在激发农民学科技的热情，提高农民的科学文化素质和运用科技的能力，为农村培养新型实用人才、农村科技带头人和农村技术“二传手”，为解决“三农”问题提供强有力的科技支撑和示范模式，为社会主义新农村建设和发展现代化农业作出贡献。

2010年的中央一号文件，再次锁定“三农”，这是21世纪以来连续第7个关注“三农”的中央一号文件。培训“有文化、懂技术、会经营”的新型农民已成为当前社会主义新农村建设中的一项重要内容。为响应党中央、国务院、科学技术部的号召和指示，适应新的“三农”发展现状，推进高新农业科技成果的转化，使农业科技的推广工作落到实处，科学技术部农村科技司决定新编一套《国家星火计划培训丛书》，并委托中国农村科技杂志社组织编写。该套丛书旨在推广目前国内国际领先的、易于产生社会效益和经济效益的农业科学技术，介绍一些技术先进、投资少、见效快、环保、长效的项目，引导亿万农民依靠科技发展农村经济，因地制宜地发展本土经济，提高农产品的市场竞争力，实现增产创收。也可对农民、农村、农业上项目、找市场、调整产业结构提供借鉴和参考。

此系列丛书我们精心组织来自生产第一线的科技致富带头人

和有实践经验的专家、学者共同编写。不仅学科分布广、设置门类多、知识涵盖面宽，力求收入教材的资料为最新科技成果，内容通俗易懂，能够满足不同培训对象的学习要求，而且具有较强的系统性、应用性和时效性，能够满足全国各地开展得如火如荼的农民科技培训的需要，满足科技部关于农村科普工作的需要。为科技列车、科技下乡、科技扶贫、科普大篷车、星火科技培训等多种形式的科技下乡惠农活动，提供稳定的农村科普“书源”。

目前，我国农业和农村经济发展已经进入了新阶段，随着我国农村经济结构调整的不断深入，党中央、国务院提出了“夯实‘三农’发展的基础，落实国家重大科技专项，壮大县域经济”的指示，星火计划的实施也呈现出新的特色。在这一时期，需要坚持以人为本，把提高农村劳动者素质摆在重要位置，把动员科技力量为农民服务作为重点。在此之际，为了更好地服务于广大农民和农村科技工作者，我们精心编撰了这套新的《国家星火计划培训丛书》。但由于时间紧、水平有限，不足之处在所难免，衷心欢迎广大读者批评指正。

《国家星火计划培训丛书》编委会

2010年2月

目　录

第一章 概 述

第一节 国内外生物技术在养殖业中的发展简史

一、生命科学的进展

20世纪90年代以来，生命科学和生物技术基础研究不断取得重大突破，为生物技术原始创新奠定了基础。以生物技术为代表的新的技术进步正在形成。生命科学与生物技术的发展为生物经济的产生奠定了坚实的技术基础。

生命科学是研究生命起源和形成的最基本物质及其运动规律的综合性基础学科。它已经从静态的、以形态描述与分析为主的学科演化发展成动态的、以实验为基础的定量分析学科。当今的生命科学正从分析走向综合，其特征是对分子、细胞、组织、器官及整体的全方位的综合研究。

生物学创始人查尔斯·达尔文，1859年发表的《物种起源》描绘了生命起源与进化的轮廓；孟德尔于1866年发表了豌豆杂交实验报告，揭示了古典遗传规律；1902年，萨通（Sotton）和博维里（Boveri）等正式提出了染色体理论；1909年，约翰森（Johannsen）将遗传因子定义为“基因”(gene)；1910年，摩尔根发现了连锁定律和交换定律，弥补了分离定律和自由组合定律所不能解释的遗传性状。孟德尔和摩尔根所发现和创立的三大遗传定律成为人类生命科学研究的基石。沃森和克里克于1953年发现了DNA分子的双螺旋结构，从分子水平上阐明了生命遗传的机理，奠定了现代分子生物学的基础，成为生命科学发展史上的一个里程碑。1957年，克里克又提出了后来被称为“中心法则”的遗传信息传递路线。葛亨于1973年从人类体外分离到了第一个基因，对生命科学的许多分支领域产生了革命性地影响。世界科学界联手执行“人类基因组计划”，于2000年6月26日宣布人类基因组的工作草图已经绘制完成，这成为继原子弹、人类登月之后人类科技史上的第三个里程碑。信息技术的飞速发展渗透到生命科学领域中，形成了用途广泛的生物信息学。目前，功能基因组学、蛋白质组学与代谢组学成为生命科学发展的主流方向。

21世纪的今天，以蛋白质为主的生物大分子研究进入了一个新的层次。100年来世界各国的科学家一直在努力寻找基因、定位基因、分离基因、认识基因、操作基因、开发基因与利用基因，并因此形成了一系列新的学科与技术产业。100年前，基因还只不过是一个用英文字母所代表的遗传性状的符号；而仅仅时隔50年，揭示出了DNA分子就是基因的物质基础。又隔50年完成了人类全基因组的测序。可以预测，在未来50年里生命科学将会出现一个又一个惊人的奇迹。

二、生物技术的发展

生物技术（biotechnology）又可称为生物工程，是以生命科学为基础，运用生物化学、生物物理学、分子生物学、细胞生物学、微生物学、遗传学等原理与生化工程相结合来研究、设计、改造生命系统以改良生物乃至创造新的生物品种，改造或重新创造设计细胞的遗传物质、培育出新品种，以工业规模利用现有生物体系，以生物化学过程来制造生物工业产品和为人类提供服务的一类高技术。简言之，生物技术就是依靠微生物、动物、植物作为反应器将物料进行加工以提供产品来为社会服务的技术。

综观生物技术发展史，其发展可以划分为三个不同的阶段：传统生物技术、近代生物技术、现代生物技术。传统生物技术的技术特征是酿造技术，近代生物技术的技术特征是微生物发酵技术，现代生物技术的技术特征就是以基因工程为首要标志。根据生物技术应用的不同领域，人们一般将生物技术分为“红色生物技术（生物制药技术）”、“绿色生物技术（农业和食品生物技术）”和“白色生物技术”（工业、环保生物技术）三类。

由于生物产品、生物产业、生物经济都是在生物技术之上建立的，所以明确生物技术的概念是研究生物经济的前提。广义上的生物技术包括传统生物技术、近代生物技术和现代生物技术。而狭义上的生物技术，只是指现代生物技术。本节主要简介现代生物技术的发展。

现代生物技术包括基因工程（含蛋白质工程）、细胞工程、酶工程、发酵工程。其中基因工程（也称遗传工程、基因重组技术）是现代生物技术的核心。1997年取自一只6岁成年羊身上的乳腺细胞培育成功的克隆羊“多莉”在英国问世以来，克隆技术获得了空前的发展，克隆鼠、克隆牛、克隆猪、克隆猫、克隆猴等相继问世，不过克隆技术最大的应用可能还在医学领域：利用克隆技术培育人类胚胎，使其发育成各种组织和器官，以供医疗或研究之用。在生物技术领域，除了已经较为成熟的基因技术、蛋白技术和生物信息技术外，又出现了许多新型的技术平台，如干细胞应用技术、新型核糖核酸技术、纳米生物技术、系统生物技术和计算机支持的处理过程等，以及更符合消费者需求的引导演化技术、脱氧核糖核酸置换技术、代谢技术、天然物质合成技术、药物推理设计技术、核糖核酸干扰技术、脂质体技术等。有人预言，2010年左右将迎来再生医疗技术的成熟推广期，使医疗技术发生质的飞跃。以基因工程、抗体工程或细胞工程技术生产的，源自生物体内的，用于体内诊断、治疗或预防的生物技术药物，已经成为利用现代生物技术生产的最重要的产品。基因测序技术的突破使之更加快捷和廉价。颠覆了传统的健康观念，即诊断更加精确、治疗更加个性化。2008年9月，美国太平洋生物科学公司最新研发成功的个人基因组测序样机，并宣布将在2013年上市销售个人基因组测序仪，将在15min内完成个人基因组测序，且个人基因组测序费用不到1000美元。在英、美等发达国家，基因检测服务就像体检一样普及。2008年，在人类成体干细胞移植治疗疾病方面，除了已经逐步成熟的骨髓干细胞治疗白血病外，用患者自身的干细胞治疗心脏病、肾脏病、肝硬化、甚至截肢手术后的局部肢体再生都有新进展。开发生化探测剂和各类疫苗将成为今后生物产业开发的热点。

1983年首例转基因植物——转基因烟草问世，1986年全世界有5例转基因植物首次获准进入田间试验，1994年首例转基因植物——转基因耐储藏番茄在美国批准进入市场，此后，通过基因工程技术获得的转基因植物、动物、微生物在农业生产上的应用取得了一系列突破性进展，转基因生物已从第一代的输入特性经过第二代的输出特性发展到药用、工业用以及向具有复合性状的方向转变，产业化发展趋势已不可逆转。目前，转基因技术已基本趋于成熟，尤其是在转基因植物方面。出于对转基因产品的慎重与担忧，目前人们还只是消费转基因植物产品，转基因动物产品尚未真正进入人们的生活。美国科学家采用转基因（GM）技术，使奶牛产生的牛奶蛋白质含量提高很多，为今后高等生物的转基因食品研究开创了先河。在利用转基因技术开发植物新品种方面，我国培育出改良淀粉的转基因木薯；利用转基因技术培育新的动物模型方面，美国培育出转基因舞蹈病猴子模型。此外，英国专家研究借助转基因蚊子防治疟疾，巴西利用转基因蚊子对付传染病，德国培育出人糖尿病模型的转基因猪，阿根廷获得了含生长激素的转基因牛。现在农业生产上应用的第一代转基因植物，主要是以抗病虫害和除草剂为主的转基因产品，正在开发的第一代转基因植物还有抗旱和抗盐等转基因农作物。第二代转基因产品将以改良品质和增加营养为主，可以使全社会更多人受益。第三代转基因产品还将包括功能性食品、生物反应器、植物工厂以及高效生物能源等，这些都将使农业生产不断向医药、化工、环境以及能源领域拓展，对促进农业可持续发展将起到重要作用。细胞工程技术、酶工程技术研究开发生物工程产品，未来的大部分产业材料产品都会涂上生物科技的色彩。

生物技术的国际竞争已经到了分秒必争的地步。研判未来经济社会诸领域对生物产业的需求，超前部署发展一批生物前沿技术、下一代技术的原始创新和集成创新。如生物医药领域的靶标发现技术、药物分子设计技术、基因操作和蛋白质工程技术、基于干细胞的人体组织工程技术；生物农业领域的智能不育分子设计技术；生物制造领域的新一代工业生物技术、生物炼制技术、合成生物技术等。

三、生物产业的产生

生物经济是在发展到一定规模的生物产业基础上形成的。研究生物经济首先要研究生物产业。生物产业与生物经济只二字之差，但其本质内容，前者主要指生产生物技术产品与提供生物服务，后者主要指生物领域的生产、分配、交换和消费。生物产业是生物经济的行业构成，国民经济中没有足够量的生物产业，这个经济模式就不能称之为生物经济；足够量的生物产业是指生物产业在国民经济中发挥着主导和支柱作用，在国民经济总产出中占据更大的比例，对经济增长的贡献度更高。因为生物产业尚处于快速发展的初期阶段，国际上关于生物产业的范围还没有统一的定义和界定，因此生物经济也没有统一的国际标准。有些国家的细分行业也只是按照生物技术在各领域的应用情况划分的。国内外目前对“生物产业”的称呼、内涵的理解各不相同。如美国、英国、印度等国家称为“生物技术产业”；日本等国家称为“生物产业”。国内在过去采用了“生物技术与新医药产业”、“现代生物技术产业”、“生物技术产业”等称呼。2007年，国家“生物产业发展‘十一五’规划”确定了我国的“生物产业”的称呼。

现代生物产业开始的标志是1976年4月7日，Herb Boyer和 Bob Swanson在南旧金山成立了Genetech公司，其发展经历了四个阶段：第一阶段，20世纪70年代，以DNA重组技术的成功标志着生物技术的诞生及其新纪元的开始；第二阶段，即第一次浪潮，主要体现在医药生物技术领域，1982年，第一个基因工程药物——重组人胰岛素的上市标志着生物产业的崛起，生物技术在医药领域经历了一段快速发展时期，目前，生物医药产品占生物产业市场份额的70%以上，处于主导地位；第三阶段，即第二次浪潮，发生在农业生物技术领域，以转基因食品为标志，1996年转基因大豆、玉米和油菜相继上市，生物技术在农业领域迅速应用；第四阶段，20世纪90年代后期，生物技术在工业、环保、能源、海洋、材料、信息等领域的广泛应用与融合，形成了生物产业的新浪潮。我国生物技术及产业已经基本结束了技术积累阶段，进入了边研究、边产业化的新阶段。当前，世界现代生物技术发展开始进入大规模产业化阶段。科学的目的在于认识世界，技术的目的在于利用、改造和保护自然，造福人类。生命科学要转化为生产力，为人类造福，必须与生物技术相结合，才能在生产上发挥巨大作用。生命科学不仅推动了科学进步，还将产生惊人的效益，从而引发一场产业革命——人类走向生物经济时代。20世纪90年代以来，以生物技术为重点的第四次科技革命正在形成。人类基因组序列“工作框架图谱”完成，使科学家将能阐明重大疾病的机理，目前生物科学家已经找出许多与基因缺陷有关的疾病，在已知的40000种疾病中，大约有3000种与基因缺陷有关。产值超过15000亿美元的新健康产业即将崛起，医药生物技术将推动第四次医学革命。干细胞、组织工程研究的重大突破，为再生医学开拓日益广阔的前景。双子叶模式植物拟南芥和单子叶模式植物水稻基因图谱的公布，为植物改良奠定了基础，培育农作物新品种的局面已经形成，为推进农业第二次绿色革命提供了技术保障；克隆羊“多莉”的诞生，标志着利用动物体细胞进行无性繁殖已经成为现实；全球已有60多个微生物基因组的序列图公布；工业生物技术将推进“绿色制造业”，发展绿色GDP；能源生物技术将促进“绿金”代替“黑金”缓解能源短缺压力；环境生物技术将改善生态环境，加速“循环经济发展”，并在保障国家安全，防御生物恐怖中发挥不可替代作用；生物技术与信息技术、纳米技术的交叉融合，给新的科技革命注入更加强大的生命力。在改造工业和环境保护上，生物科学家有信心在未来30年使工业产业的催化转化率提高30%。有专家预测，如果在地球上所有荒滩都种上一种生物质转化率高的能源植物，通过生物技术来生产乙醇、生物柴油，那么就可以为世界提供足够的能源。生命科学的新发现，生物技术的新突破，推动了生物技术产业的迅速崛起，一个以生物技术产品研发、生产、销售、消费为基础的生物经济正在加速形成。

美国著名的未来学家保罗先生预言：推动社会发展的代表科学正在由信息科学转为生命科学。信息技术只是加快了人类处理原有信息的速度，而生物技术则能创造更多的新财富。在不到一代人的时间里，每家公司都会变成生物物质公司——或者成为生物科技研发或应用的一环，或者直接依赖其生存并取得成功。信息在脱离了物以稀为贵的阶段之后，许多信息相关服务也廉价到几乎免费。如同钢铁、石油、电力与汽车一样，其易得性、成本、用途、未来发展或潜力而言，这些技术与产品都没有资格被称为“高科技”。虽然其应用性与对生活各层面的重要性依旧存在，但都已出现“让位”新经济模式的趋势，进入生物经济时代。人类社会的发展遵循着这样一个基本规律：技术革命带来新的产业发展，新的产业造就新的经济形态。当生物技术直接和间接带动的产业产值能够占到GDP50%的时候，意味着生物经济时代真正的到来。信息科技潜伏了将近100年，反观生物科技时代不需耗时太久，只有一代人时间就会成熟。以往科技只改变我们的生活，并没有改变我们本身；生物科技最终将从根本上改变人类，生物物质将从转变世界经济开始，最终改变人类对世界的看法。比尔·盖茨用12年的时间积累10亿美元的财富，而杨致远和戴维·菲勒只用了3年。然而，当人们还在为信息技术啧啧惊叹时，比尔·盖茨却预言：超过自己的下一个世界首富必将出自生物技术界。

有专家指出，大概在今后十几年，有机的生物技术将与无机硅的信息技术、无机的复合材料将与纳米技术并存，生物过程数字化技术将在这段时间突破，为生物经济进入成熟阶段奠定基础。科技日报2010年3月15日报道，据预测，2020年物联网这一新兴产业将发展上亿美元规模的高新技术市场，成为比互联网大30倍的全球技术产业。2009年被称为物联网元年。物联网是在互联网基础上延伸和扩展的网络，目前还处在发展的初级阶段，很多关键技术问题没有解决。据专家研究预测，生物产业要比信息产业的市场空间大10倍，因此，可以预见，21世纪将是生物经济时代，同时，由于物联网的发展，也必将出现以生物经济为主导的，生物产业和信息产业双翼齐飞的产业格局。

第二节 国内外生物技术在养殖业中的应用现状

在生物产业崛起的今天，传统的养殖业已经越来越深入地被生物技术所影响和改造。生物技术为动物药学、动物营养学、动物医学、动物遗传育种等各个领域提供了新的方法和途径。以转基因动物技术、动物克隆技术和基因打靶技术为代表的现代农业动物生物技术，在家畜和家禽的遗传性状和品种改良，扩大优良畜种数量、保护动物遗传资源，开展功能基因研究，实现基因表达调控，生产药用蛋白和再造人类器官等方面具有诱人的前景。现代生物技术将为畜牧养殖业作出不可估量的贡献。

一、生物技术在动物医学中的应用

（一）生物技术在动物疫苗接种中的应用

基因疫苗又称核酸疫苗或DNA疫苗，是指将引起保护性免疫应答的目的基因片段插入质粒载体，然后将重组质粒直接导入机体，通过宿主细胞的转录系统表达目的抗原，进而诱生保护性免疫应答的一种生物制剂。在动物医学领域，DNA疫苗已经在许多动物身上进行了研究并取得了一定进展。近年来，许多畜禽病毒性传染病已不能依靠传统疫苗（如灭活疫苗）对其进行防治，DNA疫苗的出现使得这一状况得到了改善。编码病毒、细菌和寄生虫等不同种类抗原基因的质粒DNA，能够引起脊椎动物如哺乳类、鸟类和鱼类等多个物种产生强烈而持久的免疫反应。

1．应用于家禽的DNA疫苗

国外研究人员等用猪流感病毒的核心抗原34基因制成DNA疫苗并在小鼠中取得了较好的保护效果。国内研究表明，H_7亚型血凝素基因DNA疫苗能在极小的使用剂量下成功诱导鸡免疫保护反应，并有效阻断同源低致病力禽流感病毒在机体内的感染。

2．应用于猪的DNA疫苗

国内的研究表明，用含有gD基因的质粒DNA构建疫苗，接种猪能诱导抗体的产生并在免疫后9个月还能检测到抗体。对PrV糖蛋白基因的DNA疫苗与常规灭活疫苗进行比较发现，DNA疫苗比灭活疫苗效果好。还有研究发现，用HIV_1株的血凝素HA和核衣壳蛋白NP质粒做成的DNA疫苗，能诱导猪皮肤黏膜免疫应答，产生保护力。

3．应用于牛的DNA疫苗

在大家畜牛中，首次用疱疹病毒BHV-1的gD基因构建的质粒DNA进行免疫，能诱导免疫应答。有研究发现，用gD质粒DNA疫苗，免疫新生牛犊的效果较好，表明在有母源抗体存在的情况下，DNA疫苗仍然可以发挥作用。

4．应用于犬的DNA疫苗

国内研究机构分别用含有犬细小病毒VPt基因和狂犬病病毒糖蛋白Gg基因的质粒DNA构建疫苗，肌肉免疫接种犬后，产生强烈的体液免疫应答，犬细小病毒疫苗对同源CPV的攻击能获得完全保护，狂犬病病毒疫苗也能获得对狂犬病毒攻击的保护。国内研究人员克隆了狂犬病病毒SRV核蛋白的cDNA，并构建了含有糖核蛋白的DNA疫苗。小鼠免疫试验结果表明，免疫3次后，抗体水平和细胞免疫水平显著提高，对强毒攻击有一定的保护作用。

5. 应用于羊的DNA疫苗

将编码的羊绦虫45W抗原基因的质粒DNA辅以佐剂，免疫注射后能产生很强的免疫应答，并产生一定的保护作用。

（二）生物技术在动物病菌检测中的应用

1. 基因检测动物体内的病菌

基因检测技术是利用基因标记的方法，通过基因芯片对被测者细胞中的DNA分子进行比对，分析被检测者是否含标记基因的一种技术。它可以在活体动物的分泌液中检测病毒的存在。如果禽类死亡后，仅仅从表型性状难以判断其是否患有禽流感，而基因检测就是一个重要的判断手段。采集活禽的咽喉分泌液或粪便、死禽的肌肉或组织脏器作为样本，采用RT-PCR基因检测技术判断样本中是否存在禽流感病毒，为病情的判断提供可靠的证据。

2. 生物传感器用于细菌性疫病的检测

近年来，生物传感器的研究和它在工程技术领域的应用倍受关注，它主要是将生物活性材料（酶、蛋白质、DNA、抗体、抗原、生物膜等）与物理化学换能装置有机结合，利用生物活性物质的高度选择性，来检测生化物质和细菌性疫病。

国外研究人员将抗E.coli抗体固定在有孔氨丙基玻璃珠上，构造了流动注射免疫传感器，对E.coli进行检测，时间短且灵敏度高。美国Rochester大学医学中心的研究人员从细菌中提取了一种蛋白质作为感觉系统制成硅片探针，如果靶细菌存在就会与探针样本结合，通过相机拍摄探针，便能俘获靶细菌的相关信息，从而进行分析。国外研究人员建立了沙门氏菌压电免疫生物传感器，通过抗体包被的顺磁小球的磁力加强作用可以检测到鼠伤寒沙门氏菌，而且整个检测过程能在1h内完成。

（三）生物技术在动物疾病诊断中的应用

1．对细菌病的诊断

猪链球菌是一种重要的人兽共患病的病原菌，对养猪业和人都有严重危害。用传统的病原体分离技术结合血清学试验，能够对猪链球菌进行诊断和血清分型，但该方法工作量大，费时费力且敏感性不高，易产生非特异性结果。国内相关研究者建立了SS9水解探针（TaqMan）模式的荧光实时定量PCR检测方法，与常规PCR方法相比，诊断更加迅速，整个反应可在1～2h内完成，且不需要电泳，其检测灵敏度是常规PCR方法的100倍，并能实现对样品的实时定量检测。

2．对病毒病的诊断

动脉炎病毒是引起母猪繁殖障碍和仔猪呼吸症状的一种重要病毒，其突变株可引起高致病性猪蓝耳病，给养猪业造成了巨大的经济损失。刘圆圆等根据该类病毒在Nsp2基因1594～1680处缺失87个碱基的特点，设计了一对特异性引物，利用TaqMan探针，成功建立荧光定量PCR检测方法。该方法不仅特异性强、灵敏度高、能很好地区分高致病性猪繁殖与呼吸系统综合征病毒和其他病毒，而且没有发现假阳性和假阴性现象。

（四）生物技术在动物疾病治疗中的应用

基因治疗技术可将正常基因或有治疗作用的基因通过一定方式导入靶细胞，以纠正基因缺陷或者发挥治疗作用。1990年，第1例基因治疗的成功使得利用基因工程治疗疾病成为现实。目前，基因治疗越来越多地受到科学界的关注。

1．基因治疗药物研制

重组腺病毒-p53抗癌注射液是我国和世界上第一个基因治疗药物。它的研制成功开创了基因治疗药物研究的先河，这种广谱的肿瘤基因治疗类新药能够杀灭癌细胞，可与放疗、化疗、热疗协同作用，具有抑制肿瘤血管形成、激活患者免疫功能的作用。

2. 动物疾病治疗

基因治疗在动物疾病治疗中应用于多个方面。临床上主要用于治疗血液方面的疾病，其基本策略是把一些与血管生成有关的因子如血管生成素-1（Ang1）和人肝细胞生长因子（HGF）等通过合适的传递系统转移到靶细胞，使其在靶细胞内有效表达，从而达到治疗因相关因子缺乏而引起的疾病的目的。此外，还可以治疗某些炎症和内科疾病。

目前，基因治疗的有效性已在体外及动物试验中得到证实，部分临床试验亦取得了令人鼓舞的结果。基因治疗作为一种新的治疗手段，已从理论走向实践，但还有许多问题有待解决。

二、生物技术在动物遗传育种中的应用

（一）生物技术控制性别

控制性别是指通过人为的干预，使动物生产出人们期望的性别的后代。控制家畜出生时的性别是人类一直梦寐以求的愿望。在畜牧业生产中，通过性别控制生产后代，可在同等投入的情况下，获得倍增的奶、肉等。用于生产实践的性别鉴定方法主要是PCR法。PCR鉴定胚胎性别的原理就是针对Y染色体上的性别特异性片段设计引物，以胚胎细胞DNA为模板，在一定条件下进行PCR扩增，使雄性胚胎和雌性胚胎扩增出不同的产物，用电泳进行鉴别。PCR法与传统的胚胎性别鉴定方法相比，具有快速、准确等优点。陈从英等利用牛SRY基因序列设计合成了2对嵌套式PCR引物，作为公牛特异的性别鉴定引物。根据牛酪蛋白基因序列设计合成了一对基因引物，建立了牛早期胚胎性别鉴定的套式PCR反应体系。该反应体系在新疆经实践检验，准确率可达100%。

（二）转基因技术培育优良品种

转基因动物是指通过基因工程对DNA进行体外操作。首先，添

加或删除一个特殊的DNA序列，然后导入早期的胚胎细胞中，构建得到修饰的遗传基因，其改变的性状可以遗传给后代。由于转基因动物体系打破了自然繁殖中的种间隔离，使基因能在种系关系很远的机体间流动，它将对整个生命科学产生重要的影响。此项技术可以改良畜、禽、水产等动物的生产性状，加快动物育种和提高生长速率、产量、改进品质。Damak等将小鼠超级硫角蛋白启动子与绵羊的IGF-1cDNA融合基因显微注入绵羊原核期胚胎，产生的后代转基因羊在14月龄剪毛时，净毛平均产量比非转基因羊提高了8%。朱作岩用显微注射技术获得了比对照组生长速度快2倍的金鱼以及生长速度明显加快的转激素基因的鲫鱼等。转基因技术还可以实现抗病育种，例如，导入乳铁蛋白基因的转基因奶牛，具有很强的乳房炎抗病力。近年来，利用转基因动物生产人类药用蛋白等非常规畜牧产品，是目前世界上转基因研究的热点之一。1991年，英国科学家将人的α1-抗胰蛋白酶基因转入绵羊受精卵，成功获得了5只转基因绵羊，其中，4只母绵羊乳中都表达了人的α1-抗胰蛋白酶，而且绵羊乳中纯化的α1-抗胰蛋白酶与人血浆中的α1-抗胰蛋白酶具有相同的生物学活性。

（三）体细胞克隆育种

1997年，英国科学家Wilmut在Nature杂志上报道了克隆羊Dolly的诞生，开创了以体细胞为基础克隆动物的先河。后来，研究人员先后用体细胞克隆出了小鼠、山羊、牛、猪等动物。细胞克隆可以应用于以下方面：①细胞克隆结合胚胎工程技术，可以保护动物的遗传资源；②大量扩繁具有优良生产性状的动物，提高畜群的总体生产水平；③体细胞克隆与转基因技术相结合，可明显缩短获得转基因动物的时间间隔，避免目的基因在传代过程中的丢失，从而提高转基因动物的效率。

现代生物学的技术手段是多种多样的，其在动物医学的应用也是广泛的。但是也应该意识到，由于现代生物技术的发展历史不是很长，其在动物医学中的应用还处于初级阶段。当然，随着科技的快速发展，研究的不断深入，现代生物技术会不断完善和成熟。在21世纪，以现代生物技术为依托的动物医学将成为必然趋势，现代生物技术也将为畜牧业作出不可估量的贡献。

三、生物技术在动物营养学中的应用

（一）利用生物技术生产动物所需的营养物质

通过发酵大量生产单细胞蛋白不仅是解决当今世界饲料紧缺和粮食不足的一条重要途径，而且有助于消除环境污染。另外，利用发酵技术生产维生素，氨基酸和抗生素也已被广泛应用，对畜牧业的发展作出了巨大的贡献。而生物技术产品在动物营养学中的应用最具有代表意义的莫过于各种饲用酶的生产与应用，应用生物技术生产的各种蛋白酶、纤维酶、脂肪酶、乳糖酶、植酸酶等被添加于畜禽饲料中，大幅度地改善了饲料的转化效率，并提高了动物的生产性能，减轻了动物排泄物对环境的污染，意义重大。据报道，目前在欧洲的肉仔鸡饲料中约有40%添加了酶制剂（Ellendo-ry，1996），在我国，各种饲料酶制剂在畜禽饲料中的应用也日益普遍。这些酶中有很大一部分是通过基因工程技术改造的微生物生产的，下面以植酸酶为例，描述利用生物技术生产饲用酶的简要过程。

具有合成植酸酶能力的微生物种类很多，包括枯草杆菌（Paver and Jagannathan，1982）、假单胞菌（Cos-grove，1970）、啤酒酵母（Barbaric等，1984）、曲霉菌等，其中以曲霉菌生产的植酸酶活性最高。利用曲霉菌等生产重组植酸酶的简要过程可简要描述如下：利用分子生物学技术从微生物中鉴定、分离出生产植酸酶的基因，然后将这些基因进行扩增后插入曲霉菌表达载体，该表达载体是一种环状DNA分子，在宿主有机体内不仅能自我复制，还能利用插入的植酸酶基因大量生产植酸酶；一旦重组植酸酶开始表达，曲霉菌宿主的天然分泌机构就能保证把所产生的酶转出细胞外而进入培养基中，然后即可从培养基中收集并纯化植酸酶。利用这种方法生产植酸酶与常规植酸酶生产菌株或野生菌株生产相比，产量可提高50～100倍。

（二）对动物生长和代谢的调控

动物机体的生理病理变化，如生长发育、新陈代谢、遗传变异、免疫与疾病等，从本质上来说，都是基因表达调控发生了改变的结果。因此，可应用基因工程技术对动物机体代谢过程中某些关键蛋白的编码基因进行操作，从而调控动物的生长与代谢。

1．改善动物的生产性能

应用生物技术改善动物的生产性能主要从两个方面着手，一种途径是通过应用各种生物技术产品，如前已述及的各种饲用酶、氨基酸、维生素等提高动物的饲料利用效率，促进动物生长；另一途径是直接对与动物生产性能密切相关的基因进行操作，从而改变动物的生产性能，这一方面的成果集中体现在转基因技术的应用上。

转基因技术是指将外源目的基因导入细胞或动物受精卵中的技术。这一技术创立10多年来，转基因动物的研究无论在技术上还是实际应用上都已获得了极大的发展。最早的转基因动物是Gordon等（1981）将疱疹病毒基因与SV40早期启动子一起，用显微注射法导入小鼠受精卵获得的转基因小鼠。特别是Palmiter等将人生长激素基因转入小鼠受精卵，获得了生长速度为对照鼠4倍，终重增加2倍的“硕鼠”以来，各种生产性能明显提高的转基因动物相继诞生，人生长激素（PGH）转基因猪的成功尤其令人鼓舞。Hammer等（1985）报道，这种转基因猪的生长速度比对照猪高出15%，日增重可达1273g，饲料利用率提高21%，采食量则减少20%；并且这种猪的背膘厚度从18～20mm减至7～8mm，胴体脂肪沉积明显减少。另外，在转基因鱼、转基因兔、转基因羊等的研究中也取得了不同程度的成功，相信随着分子生物学技术的发展，通过基因操作改善动物的生产性能不失为一条具有潜力的途径。

2. 改变动物体内的代谢途径

应用基因工程技术改变动物的代谢途径主要是指在动物体内导入新的代谢途径，采用外来其他基因，加工后用于哺乳动物的表达。如半胱氨酸是羊毛合成的限制性氨基酸，由于半胱氨酸在羊瘤胃内降解，故在饲料中添加半胱氨酸并不能提高其在血清中的水平。如果羊自身能合成半胱氨酸，将会提高羊毛产量。Ward等（1991）将大肠杆菌中编码丝氨酸转乙酰酶、O-乙酰丝氨酸硫氢化酶基因和金属硫蛋白（MT）启动子连接，并在3'端装上GH基因的序列，然后通过转基因技术将这一构件导入羊体内，得到的转基因羊胃上皮细胞能利用胃中的硫化氢合成半胱氨酸。

此外，应用生物技术调控动物代谢还可通过对动物肠道内的微生物（主要是反刍动物瘤胃微生物）进行改造，赋予细菌以新的代谢能力，从而使动物获得利用原来不能利用物质的能力。目前，国外已有实验室在进行将白蚁中编码分解木质素的有关酶基因克隆并转给瘤胃微生物的工作，如果获得成功，那么反刍动物对秸秆类饲料的利用效率将大幅度提高，这对于提高饲料资源的利用效率具有重要意义。

（三）营养与基因表达调控

近年来，随着分子生物学技术的出现和不断成熟，营养成分对动物基因表达的调控已成为当今动物营养学研究的一个热点。大量研究说明，主要的营养物质如糠、脂肪酸、氨基酸以及某些维生素和矿物质等对许多基因的表达有影响，而这些基因中含有关键代谢酶的密码。

目前研究得较为清楚的是磷酸烯醇式丙酮酸羧激酶（PEPCK）基因的表达受日粮中糖含量的调控。PEPCK活性主要存在于肝、肾皮质、脂肪组织、空肠和乳腺，是肝和肾中糖元异生的关键酶。动物进食含有大量糖类的饲料时，肝中PEPCK水平大幅度下降。如果禁食或饲以高蛋白低糖的日粮，则可以使其水平得到控制。这种调控的机制可简要描述如下：PEPCK在肝、肾等组织中的合成速度与其mRNA水平密切相关，而mRNA又受到基因转录及mRNA本身稳定性的控制，胰高血糖素等可诱导转录，胰岛素可抑制转录。PEPCK mRNA的半衰期很短，只有30min，但cAMP有助于其稳定。因此，PEPCK基因的即时调节受控于cAMP的胰岛素水平，而它们又受到饲料中糖含量的影响。

利用生物技术研究营养调控基因表达的另一个例子是饲料中的长链脂肪酸（LCFA）含量对鼠肝细胞中肉毒碱棕榈酰转移酶系（CPT）和线粒体3-羟-3-甲基戊二酸单酰辅酶A（HMG-CoA）生成酶基因的调控。CPT酶系包括CPTI，CPTⅡ及酰基肉毒碱转位酶，其中CPTI是CPT酶系的关键酶，其活性的高低控制着LCFA进入线粒体速度；HMG-CoA生成酶的活性则决定着细胞内的酮体生成过程（Girard等1997）。因此CPTI和HMG-CoA生成酶一起构成了肝细胞中脂肪酸β-氧化和生酮过程的核心。Chatelain等（1996）发现，将仔鼠的饲料由含高碳水化合物低脂肪的换为含高脂肪低碳水化合物（如乳汁）饲料，其肝中的CPTI mRNA和HMG-CoA生成酶mRNA含量的大幅度升高，并且这两种酶的mRNA半衰期延长了50%，说明LCFL对这两种酶基因表达的调控是在转录和转录后水平。LCFA对CPTI和HMG-CoA生成酶基因表达进行调控的分子机制尚不清楚，Keller等（1993）推测LCFA可能是通过细胞核受体——过氧化物酶体增殖激活受体（PPAR）对细胞脂肪酸的β-氧化与生酮过程进行调控的。

其他物质如某些矿物元素、维生素等均可调控某些基因的表达。如镉可提高金属巯因基因（Methlloth-ionein）的转录速率；锌通过“锌指”（Zinc fingers）把激活子蛋白结合到DNA的增强子上调节几种基因的表达；铁通过控制mRNA的稳定性和翻译过程，调节转铁蛋白和铁蛋白的水平；缺乏维生素A的大鼠，给维生素12小时后，就能检测到聚腺苷酸mRNA的浓度变动。

（四）展望

综上所述，生物技术特别是基因工程技术不论是在生产或改造动物所需的营养物质、提高动物生产性能还是在研究阐明营养素的代谢调节机制及其与机体的相互关系上都已开始发挥出日益重要的作用。我们可以设想，随着生物技术的进一步发展和应用，各种生物技术产品层出不穷，将在更大程度上促进动物生产的发展。分子生物学技术如差异显示技术、PCR技术等在动物营养学上的应用，将为在基因水平研究阐明动物生长与代谢规律提供有效的工具；转基因技术的成功运用将完全有可能培育出生长快，饲料转化率高的动物新品种。此外，营养与基因表达调控关系的阐明，将为通过营养调控基因表达改善动物生产性能提供理论依据和指导。

第二章　生物饲料与生物发酵床概况

第一节　生物饲料与生物发酵床应用简史

在生物产业崛起的今天，传统的养殖业已经越来越深入被生物技术所影响和改造，其中，最广泛被实际应用于养殖业中的生物技术主要是生物饲料与生物发酵床技术。

一、生物饲料应用简史

生物饲料是指以饲料和饲料添加剂为对象，以基因工程、蛋白质工程、发酵工程等生物技术为手段，利用微生物发酵工程开发的新型饲料资源和饲料添加剂，主要包括饲料酶制剂、抗菌蛋白、天然植物提取物等。它是以微生物、复合酶为生物饲料发酵剂菌种，将饲料原料转化为微生物菌体蛋白、生物活性小肽类氨基酸、微生物活性益生菌、复合酶制剂为一体的生物发酵饲料。所谓生物饲料即微生物饲料，是在微生态理论指导下采用已知有益的微生物与饲料混合经发酵、干燥等特殊工艺制成的含活性益生菌的安全、无污染、无残留的优质饲料。生物饲料是经过某些特殊的微生物发酵过的饲料，而这些微生物能够产生消化酶、有机酸、抑菌素、B族维生素、氨基酸等物质，通过对饲料的发酵，也就能产生有益物质，相当于消化器官的延长和消化时间的增加。

使用生物饲料有利于节约粮食，减缓人畜争粮的问题，为饲料的开源节流提供一种新的有效途径。另外，应用生物饲料产品可降低畜禽粪氮、粪磷的排放量，从而大幅度减轻养殖业造成的环境污染。通过在饲料中应用生物技术产品可减少抗生素等有害的饲料添加剂的使用，对获得优质、安全的动物产品具有重要意义。

在20世纪60年代，国外曾选用生长速度很快的热带假丝酵母，采用液体连续培养处理造纸废水，但是生产的酵母有苦味，很难在饲料中应用。80年代末，我国工程院院士伦世仪先生领导的课题组用热带假丝酵母连续培养处理酒精废水，生产的酵母有较好适口性，但是由于废水中有机物含量比较低，培养液中干物质得率不超过1.0%，基本没有商业价值。

我国饲料工业从20世纪70年代发展到今天，已经取得了突飞猛进的发展。截止到2000年，全年饲料产量已达7500万t以上，根据我国国民经济和社会发展的需要，尤其是随着人口的增长和人民生活水平的提高，社会对畜产品和水产品需求数量的增加及质量要求的提高，饲料业必将有一个较大的发展空间。

我国的发酵饲料经过三个发展时期。第一发展时期是20世纪50年代的糖化饲料，曾风靡一时最后以失败而告终，究其原因是技术线路有问题。第二个发展时期是80年代末至90年代的酵母饲料，当时绝大多数称为“酵母粉”，据不完全统计90年代全国有酵母粉厂400余家，到现在为止至少垮掉了3/4，究其原因有两个方面：一是技术线路问题；二是人为市场炒作问题。在技术线路方面，与第一个发展时期相比有了很大的提高，主要表现在选育了较好的发酵菌种，并在发酵工艺上采用了固体浅层发酵和固体厚层通风发酵以及液体深层发酵。但是，由于发酵工艺的不同，其产品质量相差很大，特别是固体浅层发酵成本最低，相对而言产品质量最差；在市场炒作方面，由于当时乃至现在国家没有发酵饲料产品质量标准，基本上都是企业标准，在市场上就形成了八仙过海各显神通的局面。由于用户对产品透明度不高，这就给一些不法商人创造了机会，他们采取非发酵手段冒充发酵产品，用高蛋白低价位冲击市场。第三个发展时期即今天的发酵饲料，与前两个阶段相比专业发酵厂家较少，以小型饲料厂生产发酵饲料再配制为浓缩饲料为主，这样就大大地减少了不法商人以假充好的市场局面，使产品质量有很大的提高。

由2001年我国饲料生产的形势来看，全年饲料产量比上一年平均增长5.5%左右，其中，配合饲料增长的幅度为6.5%左右、浓缩饲料增长了14%、添加剂预混饲料增长了13%，从总体上看，产量稳中有升。再从全年的价格走势上来看，饲料价格普遍基本与上一年持平，个别品种略有下降。从宏观上看，自1998年我国饲料价格走低以来，饲料价格一直在低位徘徊，始终未能走出低谷。究其主要原因：一是养殖业不景气产品处于相对过剩状态；二是饲料原料价格下降，如豆粕的价格在1350元/t左右、鱼粉的价格在3400元/t左右、玉米的价格在1100元/t左右；三是畜牧业的产业链由于现存管理体制中的某些因素而被分割，这不利于养殖业的发展。为了适应养殖业的发展现状和维持饲料企业生产的需要，部分饲料生产企业调整配方和营养指标，以期在市场竞争中有更大的价格优势。在激烈的市场竞争中，为了争取更多经销商的支持，维持固有的市场份额，饲料生产企业往往要让利于中间环节。

饲料科技水平主要体现在配合饲料的转化率及畜禽生产性能达到的水平，而配合饲料的精华部分主要体现在添加剂上，饲料添加剂是各类饲料的技术核心。各类饲料添加剂的生产规模、种类多少、质量高低和技术含量直接体现了一个国家饲料生产行业的产业技术水平。

目前，生物饲料的全球市场总量达到每年30亿美元，并在以年均20%的速度递增，国内有1000余家企业专门从事生物酶制剂、益生素、植物提取物类饲料添加剂的生产。生物饲料产品预计到2025年市场额将达到200亿美元/年，并且生产技术和应用技术水平将大幅度提高并标准化。生物饲料产品的大量应用，将终结养殖业的抗生素、化学添加剂时代。

我国在生物饲料领域虽然取得了一些成绩，但与国外相比，我国生物饲料的研究与产业化起步较晚，整体研发与产业化水平落后于发达国家，且发展很不平衡。我国国内饲料转化率平均水平与国际先进水平差距较大，国内先进水平与国际先进水平的差距较小，先进的技术和高水平的生产在国内还未得到广泛的推广和普及，我国与发达国家在添加剂研制水平和生产水平上有较大的差距。从添加剂生产的品种上看，我国与发达国家差距很大，仅从国内批准使用的80多种添加剂来看，我国自己生产的添加剂只占1/4。许多关键生物饲料的生产还处于仿制水平或严重依赖国外技术，缺乏自主知识产权。我国饲料添加剂的生产量小、技术水平低也是限制我国养殖业发展的瓶颈之一，它严重影响了我国养殖业经营效益的提高。目前生物饲料产业在国内外都还是一个新兴领域，因而只要我们现在能抓住机遇、迎接挑战，就有望在短时间内步入国际水平。

未来生物饲料的研究重点主要集中在以下几个方面：

第一，资源评估与发掘，建立生物饲料产品相关基因资源的高通量筛选技术和快速有效的功能评估系统，获得一批有自主知识产权、有应用价值的新基因资源。

第二，构建基因工程技术平台，利用现代分子生物学技术和基因工程技术，构建高效生物反应器技术平台和多功能菌株改良技术平台，提高工程菌的蛋白表达量，降低生产成本，实现规模化廉价生产。

第三，建立生物饲料蛋白质工程技术平台，通过对天然蛋白质的基因进行定向改造，创造出新的具备优良特性的蛋白质分子，从而提高蛋白活性，改善制品稳定性等。

第四，建立生物饲料发酵工程技术平台，开发高效、稳定、实用的产品加工技术，加快生物饲料产业化步伐。

第五，生物饲料产业化技术的系统集成，建立生物饲料产品的配套应用技术体系，促进重大生物饲料产品的研发、产业化和推广应用。

第六，开发新型生物蛋白质和能量饲料，利用生物酶制剂降解饲料中的非淀粉多糖，利用微生物发酵或酶解方法降解豆粕、棉粕、菜粕中的抗营养因子，从而提高蛋白和能量饲料的利用效率。

第七，建立生物饲料产品的饲用价值和安全性评价技术，包括饲料的适口性，饲料对动物健康状况和畜产品品质的影响等。

第八，建立生物饲料产品的高效配套应用技术，通过对优质、高效新产品的选择，以及发酵工程新技术、新工艺的研究，有效提高我国生物饲料产品及企业的整体水平，解决我国存在的人畜争粮、饲料利用率低、饲料安全卫生质量差、发酵工艺技术落后、产品少的问题，增强我国饲料行业和畜禽产品的市场竞争力。

二、生物发酵床应用简史

生物发酵床技术在早期主要应用在养鸡和养猪方面。

发酵床养殖技术最早起源于日本，1970年，日本利用坑道，以锯末为垫料建立了首个发酵床系统。1985年，加拿大Biotech公司推出了以土壤作地板、秸秆为垫料的新型发酵床猪舍，并完善了围栏、食槽等辅助结构。此后，香港、荷兰等地研究人员也对发酵床养殖方法进行了深入研究和推广应用，确定了商业复合菌剂和锯末为最佳的发酵床养殖菌种和垫料基质，其相互作用可加快粪便的降解速率并使发酵床的效果更加稳定。20世纪90年代起，发酵床养殖技术在我国部分省市陆续展开了试点，并于2008年被国家环境部建议推广。山东农业大学从1985-1991年先后从新西兰和日本等地引进了发酵床养猪技术。近年来，国内科研单位先后与日韩专家合作，引进对方成熟的发酵床养殖技术，共同开展发酵床养殖本土化的研究工作。江苏镇江市于2003年先后从韩国自然农业协会、日本鹿儿岛大学引进了这项技术，取得了很好的效果。

发酵床养鸡技术在20世纪50年代首先由日本山岸会进行研究开发。创建山岸养鸡法的日本山岸会会长山岸已代藏先生，并不是理论家，而是实实在在的实践家，更是一位心胸宽阔并充满爱心的农业先导者。即便是养鸡，他也要把尊重鸡的基本权利放在首位。山岸先生认为“要想在养鸡上获得成功，精神要先行于技术及经营”。已在日本本国和韩国、泰国、德国、瑞士、澳大利亚、美国、巴西7个国家建有50多个山岸农法示范基地。这些基地，遵循循环农业的原理，将养殖业与种植业有机地结合在一起。土著菌技术就是其中的一项重要技术。土著菌养殖的对象也从养鸡逐步发展到养猪、养肉牛。土著菌养殖上，也巧妙地利用了畜力来进行发酵床的管理。从利用畜力来进行发酵床的管理及效果来看，鸡要优于猪，猪又优于牛。猪主要是用鼻子来拱，而鸡是既用嘴啄食，又用脚刨食，而牛既不会拱，又不会刨；从床材的使用量来看，养鸡所用的床材比养猪所用的床材要少得多，易得得多；从发酵床的建造要求来看，建发酵鸡床比建发酵猪床要容易得多。所以可以说，发酵床养鸡有着更大的优越性、方便性、适用性。

韩国从1965年起，开始学习日本的土著菌技术，经过几十年的反复实践，对理论进行不断的整理，并加以发展和完善，创建了今天韩国的自然农业。1994年成立了韩国自然农业协会，并在世界20多个国家应用推广。日本在韩国自然农业协会名誉会长赵汉圭先生的指导下，学习韩国的自然农法，于1993年成立了日韩自然农业交流协会，现更名为日本自然农业协会。从1992年开始，日本鹿儿岛大学的专家教授开始对土著菌养殖技术进行系统的研究，形成了较为完善的技术规范。1999年，在鹿儿岛大学农学部附属农场召开了土著菌养殖技术的应用和推广观摩会，有来自10多个国家的1000多名专家、学者和农户参加了这次会议，推动了土著菌养殖技术更广泛的应用。

发酵床养猪技术，又称自然养猪法，国外称为deep little system或breeding pig on litter。日本于1970年建立了第1个以木屑作为垫料的发酵床系统。从1992年开始，日本鹿儿岛大学专家教授开始对发酵床养猪进行系统研究，逐渐形成了较为完善的技术规范。1985年加拿大Biotech公司推出了以秸秆为深层垫料的发酵床系统。20世纪

90年代，我国在部分省市开展了发酵床养殖技术的试验示范。江苏镇江市科学技术局最先从日本引进该技术，此后该技术在全国得到推广，并取得了显著的效果。

第二节 生物饲料的来源与分类

一、生物饲料的来源

生物饲料的原料非常广泛，玉米秸秆、高粱等禾本科作物副产品以及青绿的大豆、蚕豆、豌豆及杂豆的茎叶等豆科作物副产品，另外如甘薯秧叶、向日葵籽实成熟时的上部茎叶及花盘、甜菜、马铃薯、西红柿等茎叶以及其他野生杂草、毒草、树叶、栽培牧草都是良好的青贮原料。

另外，还有一类生物饲料的原料，是农产品深加工所产生的废水、废渣。包括造纸、酒精、氨基酸和有机酸工业所产生的有机废水，淀粉生产企业的薯水和薯渣等等。

二、生物饲料的分类

除了生产菌种以外，生产工艺也是决定发酵技术成败的要素。到目前为止，国内外关于发酵饲料生产技术或生产工艺的内容主要包括以下几种：

（一）青贮饲料

青贮饲料分为一般青贮和特殊青贮。一般青贮，又称乳酸发酵饲料，乳酸菌是发酵的主角，在厌氧条件下它大量繁殖，占支配地位时产生大量乳酸，抑制不良微生物的生长繁殖，从而制成优质的青贮饲料。青贮是调制和贮藏青饲料的有效方法。

1．一般青贮

一般青贮主要是利用青贮原料上附着的乳酸菌等微生物的生命活动，通过发酵作用将青贮原料中的糖类等碳水化合物变成乳酸等有机酸，提高青贮料的酸度，从而抑制了有害细菌的生长，加之厌氧环境抑制了霉菌的活动，使青贮料得以长期保存。由于在青贮中微生物发酵产生的代谢产物使青贮料带有芳香味，能提高饲料的适口性。

2. 特殊青贮

特殊青贮主要是低水分青贮（或半干青贮）和外加剂青贮。低水分青贮的基本原理是原料含水少，造成对微生物的生理干燥含量达到40%～55%时，植物细胞质的渗透压达到5～6MPa大气压，这样的风干植物对腐生菌、乳酸菌会造成生理干燥状态，使生长繁殖受到抑制。因此，在青贮过程中微生物发酵弱，蛋白质不被分解，有机酸形成少，这种方式青贮，必须在高度厌氧条件下进行。低水分青贮可以扩大青贮原料范围，用一般方法不易青贮的原料如含糖不足的豆科牧草都可以用此法青贮。对于不易青贮或难青贮的原料或需要提高青贮饲料营养价值的原料，可以进行外加剂青贮。外加剂青贮的作用主要有三方面：①促进乳酸菌发酵；②抑制不良发酵；③提高青贮的营养价值。外加剂青贮扩大了青贮原料范围，把一般青贮法中认为不易青贮的原料加以利用，如含糖分过少的植物或经过加工的副产物（如加工过程中乳酸菌受到损失）。

（二）利用有机废水生产单细胞蛋白或蛋白原料

这种技术主要是用于有机废水净化处理。西欧和北美等发达国家，特别是日本、荷兰和芬兰等国，在有机废水处理方面投入了大量研究和生产处理费用。可以说，在有些发酵产品生产中，废水处理设备投入甚至要超过发酵设备的投入。目前，在荷兰和芬兰，它们本国不生产酒精、氨基酸和有机酸等大宗发酵产品，并不是它们的生产技术不发达，而是它们不愿意污染它们宝贵的水源。我国的谷氨酸、赖氨酸、柠檬酸和酒精的发酵产量是世界第一，并不是我们的发酵水平、提取技术在国际上处于领先地位，而是我们牺牲了生态（主要是水源）的洁净所获得的暂时利益的结果。即使是目前的酶制剂产品，我国的产量在世界也是处于领先地位，但是主要技术还是从丹麦、美国和日本等发达国家引进，甚至有些生产企业纯粹就是它们独资。

（三）固态好氧发酵生产饲料蛋白原料

这种生产方式在20世纪80～90年代很流行，在全国各地都有推广应用。其中，比较著名的是郭维烈先生倡导的微生物组合发酵生产4320菌体蛋白，这种技术充分利用了微生物间的相互作用（同生、互惠同生、共生、竞争和拮抗等多种关系），原料不需要严格消毒就可以直接用于接种培养，从而极大地简化了生产工艺，降低了生产成本。

接种的微生物主要是热带假丝酵母，这种酵母生长繁殖速度很快，代谢旺盛，能高效地把农副产品转化成菌体物质。

但是，与传统发酵工艺一样，4320发酵成品也需要干燥，否则容易腐败变质。另外，这种工艺的机械化程度较低，这也是传统固态好氧发酵的共同缺陷，需要较多人工用于物料的翻拌、散热等繁琐操作。

随着劳动力成本和能源价格不断上涨，目前这种技术优势也正在逐步丧失。按目前生产工艺计算，每吨4320蛋白加工成本（除原料以外的所有费用）至少在800元以上。

（四）固态厌氧发酵高活性生物饲料

为了克服4320蛋白发酵技术的不足，近年来，我国很多科研工作者提出了多种简便的微生物厌氧固态发酵生产技术。相对于好氧发酵，厌氧发酵的能耗低，微生物代谢产生的热量也要小得多，生产过程往往不需要翻拌散热。发酵产品只要密封得当，即使长期存放也不会腐败变质。

目前比较典型的固态厌氧发酵生物饲料的成功例子主要有两种：一种是适合于养殖户自产自用的袋装发酵饲料；另一种是属于规模化流水线生产的袋装发酵饲料。它们接种的微生物基本一致，主要有酵母菌、乳酸菌和芽孢杆菌。

适合养殖户自产自用的发酵袋是一种普通的密封包装袋，物料接种以后装入，再将袋口用绳扎紧，物料含水量在30%～40%。开始时酵母菌消耗袋内残留氧气进行增殖和呼吸代谢，同时也为乳酸菌创造一个厌氧生活环境。然后，酵母菌在无氧条件下进行糖酵解，产生酒精和二氧化碳，乳酸菌也同时增殖、代谢，产生有机酸。随着袋内气压不断增加，不断有二氧化碳带着酒精和有机酸排出袋外，饲养员可以根据排出的酸香味来判定物料发酵的成熟度。

有氧发酵阶段：$C_6H_{12}O_6 + 6O_2 \rightarrow 6CO_2 + 6H_2O$

无氧发酵阶段：$C_6H_{12}O_6 \rightarrow 2CO_2 + 2C_2H_5OH$（乙醇）

在夏季，发酵3～5d就有明显酸香味。在冬季，时间需要延长。如果环境温度低于12℃，发酵就有可能归于失败。酵母在低温下长期代谢低下，不产生二氧化碳，使得外界氧气能长时间与接种的乳酸菌接触，会导致乳酸菌活力大减，甚至死亡。

事实证明，如果环境温度适宜，时间控制得当，采用上述袋装式“土办法”发酵，也可以获得质量很好的微生物发酵饲料，活性乳酸菌的含量能达到10亿cuf/g以上。在生猪配合饲料中添加15%～20%，采食量能明显提高，最多能提高10%以上，而且增重速度和健康水平也有显著提高。

这种工艺虽然简便，但受限制因素太多，质量标准很难把握，实际推广有一定困难。

第三节 生物发酵床的来源、分类与菌种

一、生物发酵床的原料来源

发酵床的垫料原料按不同分类方式，可以划分成不同的类型。

（一）按使用量划分，可以分为主料和辅料

1．主料

顾名思义就是制作垫料的主要原料，通常这类原料占到物料比例的60%以上，由一种或几种原料构成，常用的主料有木屑、草炭、秸秆粉、花生壳、蘑菇渣。

2．辅料

主要是用来调节物料水分、pH、通透性的一些原料，由一种或几种原料组成，通常这类原料占整个物料的比例不超过40%。常用的辅料有稻壳粉、麦麸、饼粕、玉米面。

（二）按原料性质划分，可以分为碳素原料、氮素原料和调理剂类原料

1．碳素原料

是指那些有机碳含量高的原料，这类原料多用作垫料的主料，如木屑、谷壳、秸秆粉、草炭、蘑菇渣、糠醛渣等。

2．氮素原料

通常是指那些有机物含量高的原料，并多作为垫料的辅料，如养猪场的新鲜猪粪、南方糖厂的甘蔗滤泥、啤酒厂的滤泥等，这类原料通常用来调节C/N。

3．调理剂类原料

主要指用来调节pH值的原料，如生石灰、石膏以及稀酸等；有时也将调节C/P的原料如过磷酸钙、磷矿粉等归为调理剂，此外还包括一些能量调理剂，如红糖或糖蜜等，这类有机物加入后可提高垫料混合物的能量，使有益微生物在较短的时间内激增到一个庞大的种群数量，所以又俗称“起爆剂”。

二、生物发酵床的分类

在畜禽养殖应用中，根据养殖对象的不同，发酵床略有不同。下面以养猪用发酵床为例，简单介绍下发酵床主要的几大类型。

养猪用发酵床的分类：

发酵床一般分为地上式、地下式、半地式三种模式，可根据当地降水及水位高低来选择适合自己的模式，一般情况下，干旱少雨地区选择地下式、多余潮湿地区选择地上式、气候适中地区可用半地式。

1．地上槽模式

就是将垫料槽建在地面上，垫料槽底部与猪舍外地面持平或略高，硬地平台及操作通道须垫高50～100cm（图2–1左），保育猪50cm左右、育成猪100cm左右，利用硬地平台的一侧及猪舍外墙构成一个与猪舍等长的长槽，并视养殖需要中间由铁栅栏分隔成若干圈栏，以防止串栏（图2–1右）。

优点：保持猪舍干燥，特别是能防止高地下水位地区雨季返潮。

缺点：造价稍高。

适应地区：南方大部分地区；江、河、湖、海等地下水位较高的地区；有漏粪设施的猪场改造。

左

右

图2–1 地上槽式发酵床

2．地下槽模式

就是将垫料槽构建在地表面以下，槽深40～80cm，保育猪40cm左右、育成猪80cm左右，新猪场建设时可仿地上槽模式，一次性开挖一地下长槽，再由铁栅栏分隔成若干单元，原猪舍改造时，适宜在原圈栏开挖坑槽（图2–2）。

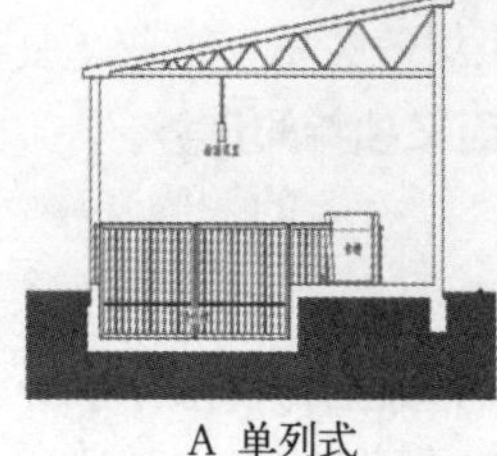

A 单列式

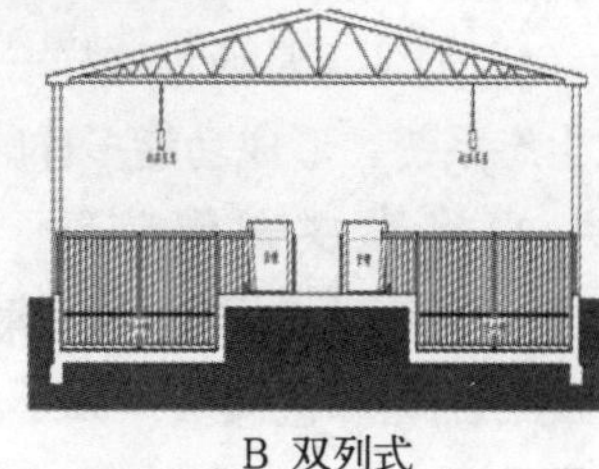

B 双列式

图2–2 地下槽式发酵床

优点：冬季发酵床保温性能好，造价较地上槽低。

缺点：透气性稍差，无法留通气孔，发酵床日常养护用工多。

适应地区：北方干燥或地下水位较低的地区。

3. 半地下槽模式

也称半地上槽模式，就是将垫料槽一半建在地下，一半建在地上，硬地平台及操作通道取用开挖的地下部分的土回填，槽深50～90cm，保育猪40～50cm、育成猪80～90cm，长槽的建设与分隔模式同地上槽。

优点：造价较上两种模式都低，发酵床养护便利。

缺点：透气性较地上槽差，不适应高地下水位的地区。

适应地区：北方大部分地区、南方坡地或高台地区。

三、生物发酵床专用菌种

发酵床专用菌种由整个生态系统都存在的七大类微生物中的

多种有益微生物群组成。主要由土著菌、双歧菌、乳酸菌、芽孢杆菌、光合细菌、酵母菌、放线菌、醋酸菌等单一菌种复合发酵提纯而成，每克含有益总菌数≥100亿cfu。发酵床专用菌种的生产方法是采用适当的比例和独特的发酵工艺，把经过仔细筛选出来的好气性和嫌气性有益微生物混合培养，形成多种多样的微生物群落，这些菌群在生长中产生的有益物质及其分泌物质成为各自或相互生长的基质（食物），正是通过这样一种共生增殖关系，组成了复杂而稳定的微生态系统，形成功能多样的强大而又独特的优势。

（一）发酵床专用菌种

1．光合菌群（好氧性和兼氧性）

如光合细菌和蓝藻类。属于独立营养微生物，菌体本身含60%以上的蛋白质，且富含多种维生素，还含有辅酶Q10、抗病毒物质和促生长因子。它以土壤接受的光和热为能源，将土壤中的硫氢和碳氢化合物中的氢分离出来，变有害物质为无害物质，并以植物根部的分泌物、土壤中的有机物、有害气体（硫化氢等）及二氧化碳、氮等为基质，合成糖类、氨基酸类、维生素类、氮素化合物、抗病毒物质和生理活性物质等，是肥沃土壤和促进动植物生长的主要力量。光合菌群的代谢物质可以被植物直接吸收，还可以成为其他微生物繁殖的养分。光合细菌如果增殖，其他的有益微生物也会增殖。例如，VA菌根菌以光合菌分泌的氨基酸为食饵，它既能溶解不溶性磷，又能与固氮菌共生，使其固氮能力成倍提高。

2．乳酸菌群（兼氧性）

以嗜酸乳杆菌为主导。它靠摄取光合细菌、酵母菌产生的糖类形成乳酸。乳酸具有很强的杀菌能力，能有效抑制有害微生物的活动和有机物的急剧分解。乳酸菌能够分解在常态下不易分解的木质素和纤维素，并使有机物发酵分解。乳酸菌还能够抑制连作障碍产生的致病菌增殖。致病菌活跃，有害线虫会急剧增加，植物就会衰弱，乳酸菌抑制了致病菌，有害线虫便会逐渐消失。

乳酸菌（LAB，Lactic acid bacteria）是一类能从可发酵碳水化合物（主要指葡萄糖）产生大量乳酸的细菌的统称，目前已发现的这一类菌在细菌分类学上至少包括18个属，主要有：乳酸杆菌属（Lactobacillus）、双歧杆菌属（Bifidobacterium）、链球菌属（Streptococcus）、明串珠球菌属（Leuconostoc）、肠球菌属（Enterococcus）、乳球菌属（Lactococcus）、肉食杆菌属（Carnobacterium）、奇异菌属（Atopobium）、片球菌属（Pediococcus）、气球菌属（Aerococcus）、漫游球菌属（Vagococcus）、李斯特氏菌属（Listeria）、芽孢乳杆菌属（Sporolactobacilus）、芽孢杆菌属（Bacillus）中的少数种、环丝菌属（Brochothrix）、丹毒丝菌属（Erysipelothrix）、孪生菌属（Gemella）和糖球菌属（Saccharococcus）等。

乳酸菌绝大多数都是厌氧菌或兼性厌氧的化能营养菌，革兰氏阳性。生长繁殖于厌氧或微好氧、矿物质和有机营养物丰富的微酸性环境中。污水、发酵生产（如青贮饲料、果酒啤酒、泡菜、酱油、酸奶、干酪）培养物、动物消化道等乳酸菌含量较高。小牛胃和上部肠道中乳酸菌占优势，从牛乳喂养的小牛胃液中分离乳酸乳杆菌、发酵乳杆菌，而小牛瘤胃中主要是嗜酸乳杆菌，发酵乳杆菌则是黏附在柱状上皮细胞的主要乳杆菌。

3．酵母菌群（好氧性）

提起酵母菌这个名称，也许有人不太熟悉，但实际上人们几乎天天都在享受着酵母菌的好处。因为我们每天吃的面包和馒头就是有酵母菌的参与制成的；我们喝的啤酒，也离不开酵母菌的贡献，酵母菌是人类实践中应用比较早的一类微生物，我国古代劳动人民就利用酵母菌酿酒；酵母菌的细胞里含有丰富的蛋白质和维生素，所以也可以做成高级营养品添加到食品中，或用作饲养动物的高级饲料。

酵母菌在自然界中分布很广，尤其喜欢在偏酸性且含糖较多的环境中生长，例如，在水果、蔬菜、花蜜的表面和在果园土壤中最为常见。它利用植物根部产生的分泌物、光合菌合成的氨基酸、糖类及其它有机物质产生发酵力，合成促进根系生长及细胞分裂的活性化物质。酵母菌在EM中对于促进其他有效微生物（如乳酸菌、放线菌）增殖所需要的基质（食物）提供重要的给养保障。此外，酵母菌产生的单细胞蛋白是动物不可缺少的养分。

4. 放线菌群（好氧性）

它从光合细菌中获取氨基酸、氮素等作为基质，产生出各种抗生物质、维生素及酶，可以直接抑制病原菌。它提前获取有害霉菌和细菌增殖所需要的基质，从而抑制它们的增殖，并创造出其他有益微生物增殖的生存环境。放线菌和光合细菌混合后的净菌作用比放线菌单兵作战的杀伤力要大得多。它对难分解的物质，如木质素、纤维素、甲壳素等具有降解作用，并容易被动植物吸收，增强动植物对各种病害的抵抗力和免疫力。放线菌也会促进固氮菌和VA菌根菌增殖。

5. 发酵系的丝状菌群（兼氧性）

以发酵酒精时使用的曲霉菌属为主体，它能和其他微生物共存，尤其对土壤中酯的生成有良好效果。因为酒精生成力强，能防止蛆和其他害虫的发生，并可以消除恶臭。

6. 双歧杆菌

微生物学家在研究肠道生理菌体外培养时发现，一些物质能显著促进双歧杆菌的生长，所以称双歧因子。这些物质有：双歧因子I（人的初乳）、双歧因子II（多肽及次黄嘌呤）、胡萝卜双歧因子和寡糖类双歧因子。寡糖类双歧因子是一些不同类型的低聚寡糖，机体和一些有害细菌不能利用，但能促进双歧杆菌和一些乳酸菌的生长，有低聚半乳糖、低聚果糖、低聚葡萄糖等几十种。临床给病人服用低聚果糖，每日8g，2周后每克粪便中的双歧杆菌数由106.8增至109.7，病人的消化能力和健康状况大为改善。成人每天服用4g低聚葡萄糖，10d后肠内的双歧杆菌增加3倍。双歧因子除初乳外，大多为多糖的水解产物，生产工艺简单，成本低廉，是社会效益和经济效益很大的保健品。

双歧杆菌营养液，针对双歧杆菌营养保健、助消化、抗癌、抗衰老的生理功能，将其制成保健营养品，参加保健营养品市场角逐，成了保健食品厂家增加利润的又一目标。各种牌号的双歧饮料，表明我国对肠道生理菌的开发应用已向世界水平靠近。

7．芽孢杆菌

以枯草芽孢杆菌为菌种，采用国内首创的吸附载体发酵技术和低温干燥技术生产的一种微生态制剂。能调节动物肠道菌群平衡，改善肠道微生态环境，有效维持动物机体健康状况，提高动物对饲料的消化利用率并能提高机体免疫力、抗应激能力；减少使用或少用抗生素，是天然、经济的绿色饲料添加剂产品。

（二）作用机理

（1）枯草芽孢杆菌菌体在生长过程中产生的枯草菌素、多黏菌素、制霉菌素、短杆菌肽等活性物质对致病菌或内源性感染的条件致病菌有明显的抑制作用。

（2）枯草芽孢杆菌能迅速消耗消化道内环境中的游离氧，形成肠道低氧环境，促进有益厌氧菌生长，并产生乳酸等有机酸类，降低肠道pH值，间接抑制其它致病菌的生长。

（3）枯草芽孢杆菌能刺激动物免疫的生长发育，激活淋巴细胞，提高免疫球蛋白和抗体水平，增强细胞免疫和体液免疫功能，提高群体免疫力。

（4）枯草芽孢杆菌菌体能自身合成消化性酶类，如蛋白酶、淀粉酶、脂肪酶、纤维素酶等，在消化道中与内源酶共同发挥作用，提高饲料消化率。

（5）枯草芽孢杆菌能合成多种维生素，提高动物体内干扰素和巨噬细胞的活性。

第三章 生物饲料的应用与实践

第一节 生物饲料的制作方法

一、液体菌剂的制作

（一）原始菌种的选择与购买

近年来，微生物制品在饲养业和养殖业的应用发展迅速，与微生物饲料的生产有关的有益微生物，主要有细菌、酵母菌、担子菌及部分单细胞藻类微生物等。美国已批准40多种微生物用于饲料微生物添加剂生产，我国农业部于1999年公布允许使用饲料级微生物添加剂和酶制剂的微生物菌种名单。除上述菌种以外，许多新的生产菌种正在开发中，但选用生产菌种的基本原则是菌体本身不产生有毒有害物质、不会破坏环境固有的生态平衡、菌体本身具有很好的生长代谢活力，能有效地降解大分子和抗营养因子，合成小肽和有机酸等小分子物质，能保护和加强动物微生物区系的正平衡。

本产品所使用的原始菌种均来自于正规的菌种保藏机构。

（二）原始菌种活化

从菌种保藏机构购买来的菌种无法直接进行接种使用，需要对其进行活化处理，以恢复其生物活性，之后才可进行传代培养。

原始菌种接种于试管斜面培养基上，于其最适培养温度下培养一周，之后接种培养第二代，直到菌苔特征达到正常水平，菌种就可以正常扩繁。

（三）生产菌种的制备

根据生产规模的大小，制定合适的培养梯度，确定培养级数。将试验室菌种接入一级摇瓶培养基，于最适生长温度下培养48h，如需二级培养，则继续接入进行下一级培养。根据确定的培养级数，最终培养获得所需数量的生产用菌种。

（四）液体菌剂的制备

发酵培养即微生物的大规模培养，可以采用多种形式，包括固体培养、液体表面培养、液体深层培养、吸附在固体载体表面的膜状培养及其他形式的固定化细胞培养等。生物饲料主要运用固体表面培养法和液体深层发酵法生产。固体表面培养法生产成本高，产量低，不适宜工厂化批量生产。液体深层发酵是现代发酵工业的主要发酵形式，可采用机械搅拌发酵罐或气升式发酵罐。细菌经发酵培养大量增殖后，浓缩、干燥得到半成品，然后按一定要求配成成品。

生物饲料发酵的一般工艺流程：

种子的扩大培养 → 培养基的配制与灭菌 → 无菌空气的制备 → 发酵过程

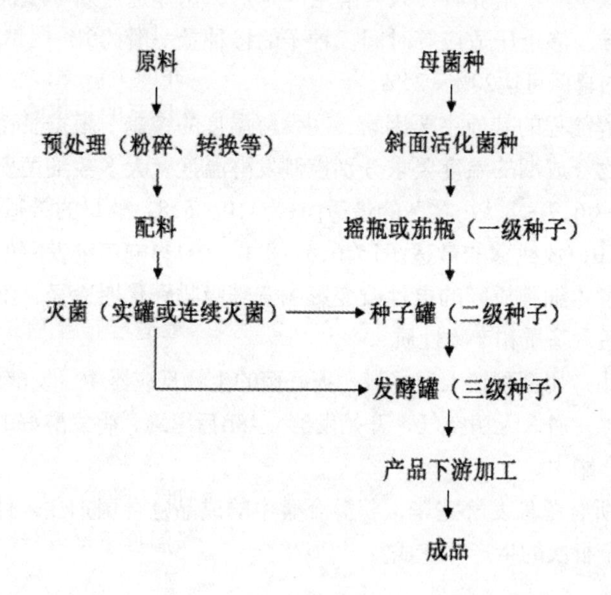

发酵菌种应具备以下要求：

（1）菌种细胞的生长活力强，接种到发酵罐后能迅速生长，延滞期短。

（2）菌体细胞的生理生化性状稳定。

（3）菌体数量能满足发酵罐容量对细胞密度的要求。

（4）无杂菌污染。

（5）保持稳定的生产能力。

通常选用处于生命力旺盛的指数生长期的菌体作为种子，以种子培养液中菌体量接近最高峰时为佳。

种子培养基是为了保证在生产中能获得大量优质营养细胞或孢子的培养基。一般要求营养成分丰富和安全、氮源比例较高，但总的浓度略稀。种子培养基的主要成分应尽可能同发酵罐培养基保持一致，减少种子培养物传入发酵培养基后，菌体适应新环境而需要的酶诱导、渗透压适应等时间。种子的接种量一般为5%～10%，生长较慢的真菌可达20%～25%。

发酵流程的其他主要因素：在发酵温度的控制上根据长菌期和代谢产物合成期的温度要求分别控制发酵温度。大多数细菌发酵的最适pH为6.7～7.5；霉菌的最适pH为4.0～5.8；酵母的最适pH为3.8～6.0；放线菌的最适pH为6.5～8.0。pH影响菌种发酵的主要原因：菌体细胞质膜的电性改变影响营养吸收和代谢途径、细胞膜表面酶活、基质和产物性质。

将生产用菌种接入配好料、灭好菌的生物反应器中（发酵罐）。开启搅拌，通入无菌空气，开始发酵。48h后出罐，将发酵好的菌液注入混合罐中。

待所有菌种发酵完毕，将混合罐中的成品复合菌剂注入储藏罐中，一个批次的生产即完成。

二、生物发酵饲料的制作

（一）生物饲料原料的选择

根据工厂当地的原材料供应情况，选择合适的原材料，制定出原料配方。如豆饼、稻壳粉、酒糟、醋糟、糠醛渣、马铃薯淀粉渣等。

原料需要综合考虑多方面的因素：

（1）成本。

（2）供应量。

（3）水分含量。

（4）营养成分含量。

（5）菌种发酵的效果。

（6）其他生产工艺中的适用性。

（二）生物饲料的制作

按照产品的配方比例，将原料粉碎，并充分混合均匀。按照配方比例加入菌种发酵液。

将混合料输送至固体生物反应器中，密封发酵，待菌种充分生长完成，即为成品。

三、依安曙光淀粉厂年产6万t马铃薯淀粉渣生物饲料生产工艺实例

（一）现状概要

马铃薯淀粉薯渣及废液是以马铃薯为原料生产淀粉的生产过程中会产生薯渣和废水等副产物，生产1吨淀粉约将产生4～6t工艺废水、2～3t洗薯废水和0.8t薯渣。薯渣含水率为88%～95%，成分主要为膳食纤维及少量的淀粉、蛋白质等有机质，腐烂后的薯渣有恶臭味。马铃薯淀粉废液是高污染的废水，COD含量可达10000mg/L以上，不加处理直接排放将造成环境水体缺氧，使水生生物窒息死亡，给环境带来巨大的危害。但是，由于马铃薯产区主要集中在东

北、西北、华北地区，加工期在9～11月份，气温低，有冰冻。特别是在10～11月份，低温都在-5～15℃。这些问题给马铃薯淀粉废水的处理增加了难度，因此目前马铃薯淀粉企业的废水处理水平普遍落后，环境污染严重，造成环境水体缺氧，使水生生物窒息死亡。近年来，随着水资源匮乏和水污染问题日趋严重与需水量迅猛增加的矛盾越来越突出，国内对马铃薯淀粉薯渣、废水的处理及综合利用研究逐渐成为科研机构和企业的关注热点。

（二）马铃薯淀粉废水及薯渣特征及国内目前的处理方法

1．马铃薯淀粉废水来源及其水质特征

（1）马铃薯淀粉废水来源。马铃薯淀粉生产中产生的废水主要来自两个部分：一为清洗工段的废水。这部分废水主要成分为马铃薯表面的泥沙。通常可在生产过程中增添少许设备，经简单的沉淀处理后就可循环使用。二为提取工段的废水。这部分废水由两个生产阶段产生：一是淀粉乳提取产生的废水，主要是马铃薯自身的含水量，即细胞液，故该废水中的蛋白质含量较高。这部分废水不能循环使用，又因回收蛋白成本费用高，目前全部外排。二是淀粉提取产生的废水，生产过程中对水质的要求高，但用水量小，也称为工艺废水。该废水中主要含有淀粉、蛋白质等有机物，COD（化学需氧量）、BOD（生物需氧量）浓度非常高。目前马铃薯淀粉企业排放的污水主要为细胞液和工艺废水。

（2）马铃薯淀粉废水的水质特征。马铃薯淀粉废水中主要含有机化合物，如蛋白质和糖类等，还含有一些淀粉颗粒、纤维等。水质成分如下：COD（化学需氧量）为：20000～25000mg/L；BOD（生化需氧量）为：9000～12000mg/L；SS（悬浮物）约为：18000mg/L。

2．马铃薯淀粉废水处理现状

目前，国内马铃薯淀粉废水处理方法有资料显示的有：化学絮

凝法、生物处理等方法。

（1）化学絮凝法。絮凝沉淀法作为一种成本较低的水处理方法应用广泛。其水处理效果的好坏很大程度上取决于絮凝剂的性能，所以絮凝剂是絮凝法水处理技术的关键。絮凝剂可分为无机絮凝剂、合成有机高分子絮凝剂、天然高分子絮凝剂和复合型絮凝剂。追求高效、廉价、环保是絮凝剂研制者们的目标。国内目前采用混凝沉淀法处理马铃薯淀粉废水的研究不多，大多集中在实验室研究阶段。试验结果显示，采用絮凝沉淀处理废水，虽然对有机物有一定的去除效果，但是处理后的废水仍然不能达标排放，加上成本等原因，尚未见采用混凝法处理废水的马铃薯淀粉生产企业。

（2）生物处理法。国内对淀粉废水的生物处理法研究较多，但是在马铃薯淀粉废水处理的生物法研究资料显示不多。采用投菌活性污泥法间歇式处理马铃薯污水定性试验，阐述了七种细菌的功能并通过试验数据分析得出，采用投菌活性污泥法，不仅能提高马铃薯污水的处理效果而且还能增强生化过程的硝化作用，使污水的脱氮效果明显，产泥量也少。郭静等在加拿大新布伦瑞克大学实验室利用上流式厌氧污泥床—厌氧滤柱系统，进行了低负荷条件下两级厌氧处理的研究。运行试验长达420d，结果表明：在常温条件下，该系统的有机负荷为0.19～0.55kgCOD/（m^3·d）时，COD和SS的去除率分别是95%～98%和98%～99%，产气量为0.31～0.32m^3CH_4/kgCOD去除，运行期间出水水质始终良好，没有出现任何恶性变化的征兆。生物气中77%～80%是CH_4，而17%～18%是CO_2，两级厌氧处理系统运行可靠、便于管理。国内大多数马铃薯淀粉生产企业集中在“三北”地区，生产季节9～11月份，气温低、有冰冻。特别是在10～11月份，低温都在-5～15℃，而生物处理工艺无论是厌氧法，还是好氧法，均需25℃左右的工作温度，有些厌氧处理工艺水温需要控制在35℃左右，否则封锁处理效果。因此，虽然有人进行生物法处理马铃薯淀粉废水的研究，但是企业实际并无应用实例，而污水处理工程即使建成也无法保证正常运行。

3. 马铃薯薯渣特征及处理方法

统计显示，我国年产马铃薯7000万t，其中最多只有16%的淀粉。我国马铃薯淀粉企业每年产生的薯渣大约有800万t，马铃薯淀粉渣是马铃薯加工淀粉后的副产品，其主要组成成分及含量（以干重计）为蛋白质：4.6%~5.5%，粗脂肪0.16%，粗纤维9.46%，糖分1.05%，无氮浸出物：>40%，这些无氮浸出物主要是难以消化吸收和利用的杂糖聚合物（如鼠李糖、阿拉伯糖、甘露糖、木糖、戊糖等），少量枝链淀粉、纤维素、半纤维素、果胶等有效成分，具有很高的开发利用价值。但在马铃薯加工时添加了一些化学物质，适口性不好，饲喂效果差；其含水量高，含杂菌多，容易变质且不易烘干，以往烘干耗费的能源巨大，烘干的薯渣蛋白质含量低，粗纤维含量较高，营养价值不高；而销售价格又偏低，效益不明显。

（三）马铃薯渣单细胞蛋白饲料应用前景

1. 马铃薯渣及废液对生产企业的影响

作为马铃薯淀粉生产企业来说，马铃薯渣的处理和转化问题一直没得到很好的解决。无论从薯渣中提取有益物质还是直接作为饲料，从技术上面临的问题就是马铃薯薯渣营养价值低，经济上面临的瓶颈就是薯渣转化产品的效益差，如何在薯渣处理技术上和经济效益之间找到一个合适的平衡点，是每个生产企业主要考虑的问题。利用薯渣作为原料，经过特殊工艺加工畜禽饲料，是未来处理马铃薯渣的最具有发展潜力的方向。既能为生产企业解决薯渣和废液等废料处理，还能提高企业环保水平，又能增加企业的效益，同时还能降低畜禽养殖的成本，促进畜禽养殖业的发展。

2. 国内畜禽类蛋白饲料的市场现状

我国是世界上最大的畜牧、禽类、水产养殖大国，据农业部畜牧司统计，2006年全国肉类总产量达到7980万t，禽蛋产量达到2940万t，奶类达到3290万t。2006年全国畜牧业总产值达到1.4万亿元，占农业总值的34%，畜牧业、水产养殖业及相关加工企业年GDP近3万亿人民币，已成为国民经济重要的产业部门。

但是，由于畜牧业的迅猛发展以及养殖业和饲料企业推行欧美日粮玉米豆饼型日粮模式，造成我国豆粕等优质蛋白饲料资源的短缺。据调查我国全年需饼粕等植物蛋白资源和动物蛋白饲料资源为6000万t以上。目前我国主要的蛋白饲料为豆饼、豆粕等，但是我国的大豆年产量仅为1500万t，远低于美国的8000万t/年，因此造成我国每年缺口大豆3000万t，拉动我国的大豆产品的价格猛增。因此产量减少和消费量加大而使大豆价格达到4000元/t左右，致使我国豆粕在2007年内价格由2000元/t涨到4000元/t左右，大大地增加了养殖成本，不利于我们畜牧业的良性发展。

在这种市场需求下，采用马铃薯薯渣和废液加工蛋白饲料，具有广阔的市场前景和巨大的经济效益。

3．单细胞蛋白及其营养价值

细胞蛋白亦称微生物蛋白和菌体蛋白，是指细菌、真菌和微藻在其生长过程中利用各种基质，在适宜的培养条件下培养细胞或丝状微生物个体而获得的菌体蛋白。

马铃薯渣加工的单细胞蛋白营养物质丰富，其中粗蛋白质含量高达40%～50%；氨基酸组分齐全，赖氨酸和蛋氨酸等必需氨基酸含量较高；同时富含核酸、维生素、无机盐和促进动物生长因子，生物学价值优于植物蛋白饲料，可以部分代替豆粕和鱼粉。

（四）新型马铃薯高蛋白饲料及营养液产品标准及工艺流程简介

本工艺流程是按照在一年内消耗掉每年10月份生产淀粉所产生的6万t薯渣计算，产量定为年产6万t。饲料产品类型是微生物饲料添加剂，按照国家标准GB/T 23181-2008 《微生物饲料添加剂通用要求》和农业部标准NY/T 1444-2007《微生物饲料添加剂技术通则》执行。

1．产品主要指标

营养指标：

粗蛋白含量≥20.0%；

粗脂肪含量≥3.0%；

粗纤维含量≤5.0%；

水分含量≤10.0%；

有效活菌数含量≥1×10^8cfu/g。

卫生指标：

黄曲霉毒素B_1（μg/kg）≤10.0；

砷（以总砷计）允许量（mg/kg）≤2.0；

铅（以Pb计）允许量（mg/kg）≤5.0；

汞（以Hg计）允许量（mg/kg）≤0.1；

镉（以Cd计）允许量（mg/kg）≤0.5；

杂菌率（%）≤1.0；，

大肠菌群（cfu/kg）≤1.0×10^5；

霉菌总数（cfu/kg）<2.0×10^7；

沙门氏菌：不得检出；

致病菌（肠道致病菌及致病性球菌）：不得检出。

2．马铃薯高蛋白营养液生产工艺

生产菌种选用多种厌氧或兼性厌氧菌的复合菌种：乳酸菌、芽

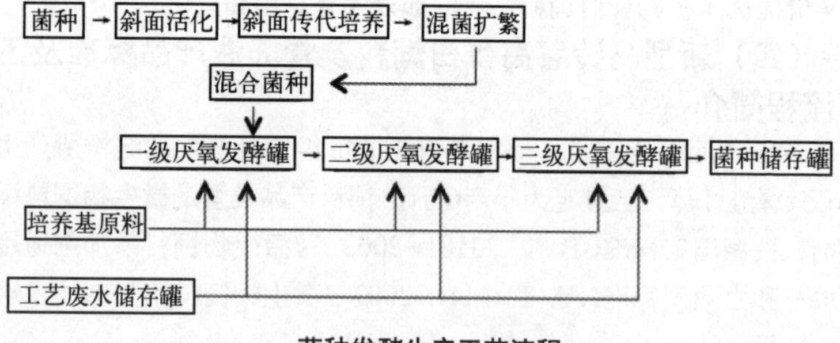

菌种发酵生产工艺流程

菌种发酵生产技术参数：发酵方式为液体厌氧发酵，采用三级发酵方式，发酵温度25～30℃，发酵周期15d。

菌种生产所用培养基以蔗糖为主要原料，在发酵罐中加入淀粉生产工艺废水，通过高温灭菌配制而成。工艺废水中的内溶物也兼做一部分培养基的辅料。

消毒工艺：高温灭菌，灭菌温度121～123℃，蒸汽压力0.11～0.12MPa，灭菌时间30分钟。

一级厌氧发酵罐接种量为10%。各级发酵罐以10倍放大：一级发酵罐容量0.3t→二级发酵罐容量3t→三级发酵罐容量30t。发酵罐装液量为83%，实际生产量为0.25t→2.5t→25t。

一级到三级种子罐发酵为一条完整生产线。一条生产线15d为一个生产周期，产量25t，月产量50t。

菌种储存罐容量为60t。

3．马铃薯高蛋白饲料添加剂的生产工艺

主要原料及其指标：马铃薯淀粉渣：无腐败变质，无霉变和虫蛀，无异味，色泽新鲜一致。水分含量≤90.0%。粒度≥18目。米糠（按照农业部标准NY/T 122-1989 《饲料用米糠》执行）：淡黄灰色粉状，色泽新鲜一致，无酸败、霉变、结块、虫蛀及异味异嗅。水分含量≤13.0%，粗蛋白质≥11.0，粗纤维＜8.0，粗灰分＜10.0。粒度≥18目。

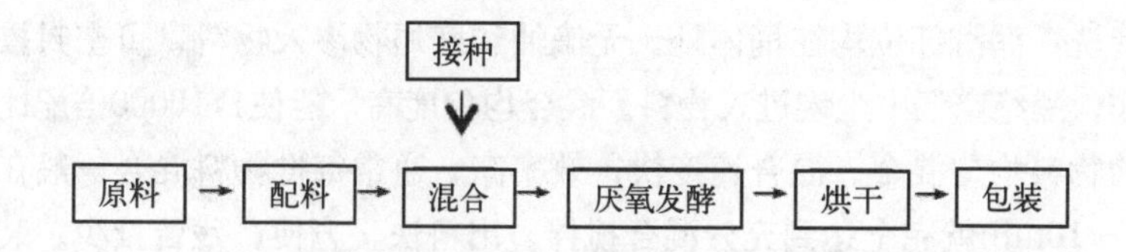

生产工艺流程

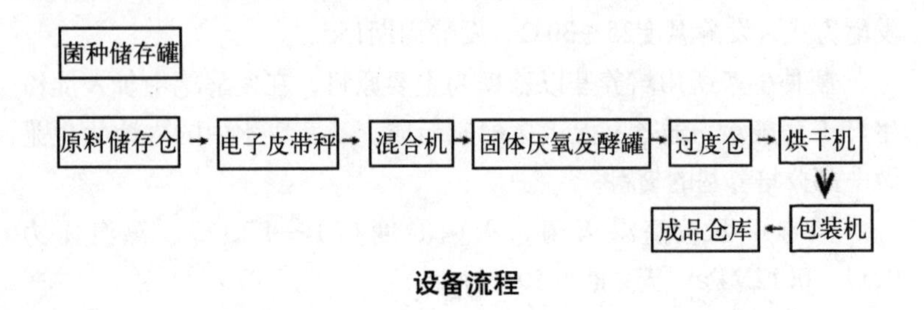

设备流程

4. 配料工段

称重原料薯渣与米糠等辅料的重量，按照一定比例将其输入混合设备中。

电子皮带秤：选用ICS全系统电子皮带秤。它是在皮带输送机中对散状物料进行连续计量的理想设备，具有结构简单、称量准确、使用稳定、操作方便、维护量小等优点。

要求参数：称量精度：±0.5%，称重范围：1～4000t/h；皮带机倾角≤0°～17°；称重传感器数量：2；称重托辊数量：2。

5. 混合工段

混合物料含水量控制在40%～50%，同时通过混合机中的喷液装置以1/100的接种量接入发酵菌种，使之与物料充分混合均匀。

混合机：选用卧式螺条混合机。卧式螺条混合机清理方便，该设备的搅拌机构为整体式，安全可靠，所有棱角焊缝圆滑过渡，易清洗；润滑部位均在桶体外，无滴油和磨屑物渗入物料，可密封操作，隔绝空气中尘埃进入物料。混合均匀度高，能使1:10000倍配比的物料均匀混合。混合速度快，效率高，通常每批物料混合一般在1～10min就完全达到充分混合搅拌。出料快，方便，残留量少。装载量大，该设备通常装载量（装载系数）在70%以上。满足真空上料、无粉尘出料，避免整个上料、混合、出料过程中粉尘飞扬。混合过程温和，基本不会破坏物料的原始状态，对物料无污染。对厂房要求低，设备为卧式，且各种形式的驱动装置和出料位置可任意选择，不受厂房高度，占地面积制约。设备运转平稳可靠，易损件少，使用寿命长，维修方便，操作简单。

参数要求：设备加装喷液装置，物料混合时直接在混合机中喷菌液接种。设备加装剪切装置，可切碎任何尺寸的聚集物，防止物料结块。装载量不小于15t。混合时间小于10min。出料时间小于5min。

6．发酵工段

发酵方式采用固态厌氧发酵。发酵温度25～30℃。发酵周期48h。

固体厌氧反应器：定制设备。全密闭以隔绝空气，内壁采用不锈钢，通过循环水夹层控制发酵温度，能够监测pH和发酵温度。

过度仓：过度仓用于临时存放干燥前的物料，其容量不小于100t。

7．干燥工段

将发酵完成的物料的水分含量从40%～50%干燥至10%以下，干燥温度不得超过60℃，以避免杀死产品中的有效微生物活体。

干燥机：选用双锥回转真空干燥机。双锥回转真空干燥机主机为双锥形罐体，罐内在真空状态下，夹套内可通入蒸汽或热水对内胆进行加热，热量通过内胆传递给湿物料，使湿物料中水分气化，低速电机带动罐体回转，物料不断上下、内外翻动，更换受热面，同时，水蒸气通过真空泵经排气管不断被抽走，加快了物料干燥速率，最终达到均匀干燥的目的。由于是在真空下干燥，在较低温度下有较高速率，比一般干燥设备速度提高2倍，节约能源，热利用率高，特别适合热敏性物料和易氧化物料的干燥。本机设计先进、内部结构简单、清扫容易、物料能全部排出、操作简单。封闭干燥，产品无漏损，不污染，适合热敏性物料的干燥。物料在转动中混合干燥，可以将物料干燥至很低的含水量（≤0.5%），且均匀性好，适合不同物料要求。设备结构紧凑，占地面积小，操作简便，减轻劳动强度，节省劳力。

参数要求：物料装载量不小于2.5t，干燥时间不超过30min，干燥温度60℃，干燥完成后水分含量≤10%。

8．包装工段

包装机：选用全自动袋装生产线。

参数要求：装袋量25kg/袋，装袋速度不小于15袋/min。

9．其他辅助设备

蒸汽发生系统：由锅炉和蒸汽管道组成。为整个生产线提供蒸汽，用于发酵工段消毒和供热、干燥工段供热等。

循环水系统：由水泵和循环水管组成。为生产的发酵工段和干燥工段提供热循环水，同时回收冷却水。

第二节 生物饲料的特点与功效

一、生物发酵饲料的主要目的

在人为的可控制的条件下，以植物性农副产品为主要原料，通过微生物的代谢作用，降解部分多糖、蛋白质和脂肪等大分子物质，生成有机酸、可溶性多肽等小分子物质，形成营养丰富、适口性好、有益活菌含量高的生物饲料或饲料原料，从而使饲料成分变得丰富、营养易于动物吸收，使动物更好的成长。同时将廉价的农业或轻工业副产物变废为宝，生产出高质量的饲料蛋白原料，并且还可以通过微生物发酵饲料获得高活性的有益微生物。

发酵饲料与常规的饲料相比有很多优点，相对于常规饲料经发酵后的饲料其营养成分更丰富，常规饲料中大分子物质较多，小分子物质较少，发酵饲料经微生物发酵，将蛋白质、脂肪等大分子的物质经降解分解为有机酸，可溶性多肽等小分子物质，更适合动物的吸收；发酵饲料有发酵香味，适口性好，牲畜爱吃；发酵饲料中还含有多种有益活菌对牲畜的肠道有促进吸收消化的作用，常规饲料中没有。

二、生物饲料的主要特点和功效

1. 维持肠道微生态平衡

畜禽肠道菌群是在长期进化过程中形成的，并与畜禽保持相对平衡稳定状态，对畜禽生长发育和抵抗疾病具有重要意义，一旦平衡失调，便会出现生产性能下降和疾病状态。正常情况下，动物肠道内优势种群为厌氧菌，占99%以上，其中主要包括拟杆菌、双歧杆菌、乳酸杆菌、消化杆菌、优杆菌等，而需氧菌及兼性厌氧菌只占1%。如该优势种群发生变化，上述专性厌氧菌显著减少，而需氧菌和兼性厌氧菌增加，此时使用微生态制剂，拟杆菌、双歧杆菌等优势种群可逐渐恢复正常，而需氧菌和兼性厌氧菌等逐渐降低，从而恢复肠道菌群平衡。

2. 生物夺氧

一些需氧菌微生物制剂特别是芽孢杆菌能消耗肠道内的氧气，造成厌氧环境，有利于乳酸杆菌等有益微生物的生长，限制了有害需氧菌和兼性厌氧菌的增殖，从而使失调的菌群恢复到正常状态，达到治病促生长的目的。

3. 生物颉颃作用

微生态制剂中的有效微生物在体内对病原微生物有生物颉颃作用。这些有益微生物可抑制病原微生物粘附到肠黏膜上皮细胞上，促使其随粪便排出体外。试验证明，牛使用微生态制剂后，大肠和盲肠内肠球菌的数量减少到原来的0.001%～0.01%，大肠杆菌减少到原来的10%，多形性细菌减少到原来的0.01%以下。向贵友等（1995）报道，用B01（芽孢杆菌）菌液饲喂饮食牛或肉牛后发现其对牛肠内大肠杆菌和沙门氏菌有极显著的颉颃作用。试验表明，乳杆菌（LB−9703）微生态制剂对牛肺疫病具有很强的生物颉颃作用。

4．增强机体免疫功能

微生态制剂是良好的免疫激活剂，能有效地提高抗体水平和巨噬细胞的活性，通过产生抗体和提高嗜菌作用活性等刺激免疫、激发机体体液免疫和细胞免疫，增强机体的免疫力和抗病力。

5．合成各种酶和营养物质

微生态制剂中的有益微生物可产生水解酶、发酵酶和呼吸酶等，有利于降解饲料中蛋白质、脂肪和复杂的碳水化合物。傅义刚等（1997）报道，给肉鸡添加0.5%的益生素，其消化道的淀粉酶和总蛋白酶活性提高，这对肉牛早期生长和提高饲料转化率有良好的效果。

有益微生物内生产繁殖，能产生各种营养物质，如维生素、氨基酸、未知促生长因子等，参与机体新陈代谢，可促进动物生长和提高生长性能。

第三节 生物饲料的用法与用量

生物饲料分为液体剂型和固体剂型两大类。具体的用法和用量，根据不同的养殖对象和所处的生长期不同，其用法和用量有很大的不同。以下分别列举几种有代表性的养殖对象的生物饲料用法和用量。

一、禽类（以鸡为例）

1．饮水

用动物营养液原液兑水300倍，给鸡饮水，喷洒鸡舍。

2．直接饲喂法

按饲料量的0.2%直接喷入饲料中，边喷洒边搅拌，拌匀后即可饲喂。动物营养液预混饲料可使蛋鸡提前产蛋，产蛋率和平均蛋重均比对照组明显提高，料蛋比下降，经济效益提高20%以上。

3. 固体饲料发酵料

动物营养液原液发酵饲料的制作：依照动物营养液原液发酵饲料的制作方法，根据待发酵饲料（不添加抗生素）的量，计算出所需的动物营养液原液、红糖和水的量，其比例为动物营养液原液：红糖：水：饲料为1：1：150：500。先用少量40℃的温水（井水）将红糖溶解，然后加入动物营养液原液，再将动物营养液红糖混合液加入水中稀释、边加边搅拌，然后用喷壶将稀释液喷洒于饲料中，充分拌匀，使发酵料的水分控制在35%左右，即用手捏成团而不滴水，落地即自行散开为度。最后将拌匀的待发酵料装入发酵缸中，贮满为止，用塑料布密封，发酵温度保持在15～20℃，厌氧发酵4～5d后开缸饲喂。发酵好的饲料有酒曲香味，口尝有酸甜味，即为发酵成功。发酵好的饲料营养成分高、经济实惠。取时自上而下，喂多少取多少，每次取出后立即将缸密封，以防发酵料变质。

4. 固体生物饲料

这类饲料使用于自制饲料的养殖场，其主要作用是部分替代玉米面，且不影响鸡的正常生产和产蛋等等。其用法和用量是：按照生物饲料：玉米面=3：7的比例，将生物饲料和玉米面混合即可使用。如需添加精饲料可按照精饲料使用方法，将生物饲料和玉米面混合饲料与精饲料按使用比例混合即可饲喂。

二、单胃动物（以猪为例）

1. 饮水

用动物营养液原液兑水300倍，饮水，喷洒猪舍。

2. 直接饲喂法

按饲料量的0.2%直接喷入饲料中，边喷洒边搅拌，拌匀后即可饲喂。

3. 固体饲料发酵料

动物营养液原液发酵饲料的制作：依照动物营养液原液发酵饲

料的制作方法，根据待发酵饲料（不添加抗生素）的量，计算出所需的动物营养液原液、红糖和水的量，其比例为动物营养液原液：红糖：水：饲料为1：1：150：500。先用少量40℃的温水（井水）将红糖溶解，然后加入动物营养液原液，再将动物营养液红糖混合液加入水中稀释、边加边搅拌，然后用喷壶将稀释液喷洒于饲料中，充分拌匀，使发酵料的水分控制在35%左右，即用手捏成团而不滴水，落地即自行散开为度。最后将拌匀的待发酵料装入发酵缸中，贮满为止，用塑料布密封，发酵温度保持在15～20℃，厌氧发酵4～5d后开缸饲喂。发酵好的饲料有酒曲香味，口尝有酸甜味，即为发酵成功。发酵好的饲料营养成分高、经济实惠。取时自上而下，喂多少取多少，每次取出后立即将缸密封，以防发酵料变质。

4. 固体生物饲料

这类饲料使用于自制饲料的养殖场，其主要作用是部分替代玉米面，且显著提高猪的肉料比等等。其用法和用量是：按照生物饲料代替玉米面比例从10%～30%依次递增，将生物饲料和玉米面混合即可使用。如需添加精饲料可按照精饲料使用方法，将生物饲料和玉米面混合饲料与精饲料按使用比例混合即可饲喂。

三、反刍动物（以牛为例）

1. 饮水

用动物营养液原液兑水300倍，饮水，喷洒牛舍。

2. 直接饲喂法

按饲料量的0.2%直接喷入青饲草或干饲草中，边喷洒边搅拌，拌匀后即可饲喂。

3. 固体生物饲料

这类饲料使用于自制饲料的养殖场，其主要作用是部分替代精饲料，提高牛对饲草的消化效率，提高牛的肉料比等等。其用法和用量是：按照生物饲料代替精饲料比例从10%～30%依次递增，将生物饲料和精饲料混合即可使用。

第四节　生物饲料的效益分析

一、生物饲料对小猪生长性能和经济效益的分析

在如今抗生素大量被用来加工饲料，日粮矛盾日益严重的当今，生物饲料的发展为解决当前的问题指出了一条光明的途径，而饲料饲喂猪的关键是从小猪开始阶段最为重要，小猪阶段容易引起拉稀、采食量下降、成活率下降等现象。本节主要是以湿鲜发酵饲料为试验饲料，选出80头猪分别饲喂湿鲜生物饲料和常规饲料，分别计算和比较其日增重、日采食量和料重比以及经济成本分析，旨在为湿鲜发酵饲料的推广和应用提供试验数据。

选择同一批出窝的小猪80头，日龄在50d左右，体重在20～30kg，分别以性别比例相同和相互对照体重大体一致分两种处理，对照组和试验组，4个重复。

按养殖场常规管理，限量采食，自由饮水，定期清洗粪便。每天记录每栏的采食量以及观察猪的健康状况。

1．测定指标，主要是生长性能（日增重、日采食量、料重比）

（1）日增重结果。从日增重看，湿鲜生物饲料比对照在小猪方面减少0.17kg。即在小猪阶段日增重比对照下降了32%。

（2）日采食量结果。湿鲜生物饲料和常规饲料相比，喂养湿鲜生物饲料的猪日采食量明显减少，减小了16.4%。

（3）料重比结果。料重比方面，湿鲜生物饲料在小猪阶段提高了22.9%。

2．饲料成本分析

发酵饲料在小猪成本上增加了0.6%，在小猪阶段湿鲜生物饲料表现较差，一是由于配合全价饲料一般均添加了促生长的化学添加剂，而湿鲜生物饲料是没有添加这些添加剂的；二是湿鲜生物饲料

在配方中的原料来源比较复杂，质量和品质也较差，如玉米购买的是已发霉的玉米，杂鱼粉质量也较差，且含有较多杂质，因此其营养水平较差。由于这些原因，导致在小猪阶段其生长较慢，从而导致料重比增大和饲养成本稍有增加。

3. 药用成本分析

在试验期间很少使用药物在治疗，因此可以忽略不计。

4. 疫苗成本分析

常规饲料和湿鲜生物饲料在疫苗成本方面是一样的，因为猪场都是按一定程序化操作，所以彼此之间没有差异。

5. 消毒成本分析

常规饲料喂养的猪群在消毒方面比用湿鲜生物饲料喂养的猪群多了27元，因为湿鲜生物饲料富含益生菌，有利于增强猪自身的免疫能力，也有利于抑制其他病菌的生长。因此在减少消毒次数的时候，猪群也不发病，而常规饲料喂养的猪群需要多消毒，少了消毒次数就易生病。

二、对中猪生长性能和经济效益的分析

同一批出窝的中猪80头，日龄在80d左右，体重在39～45kg，分别以性别比例相同和相互对照体重大体一致分两种处理，对照组和试验组，4个重复。

按养殖场常规管理，限量采食，自由饮水，定期清洗粪便。每天记录每栏的采食量以及观察猪的健康状况。

1. 测定指标，主要是生长性能(日增重、日采食量、料重比)

（1）日增重结果。从日增重看，生物饲料比对照在中猪阶段增加了0.17kg。即在中猪阶段日增重比对照提高了30%。

（2）日采食量结果。湿鲜生物饲料和常规饲料相比，喂养湿鲜生物饲料的猪日采食量明显减少，中猪阶段减少27.9%。

（3）料重比结果。料重比方面，湿鲜生物饲料在中猪阶段降低

了44.7%。

2．饲料成本分析

发酵饲料在中猪降低成本方面降低了45.8%。

3．药用成本分析

在试验期间很少使用药物治疗，可以忽略不计。

4．疫苗成本分析

中猪阶段无需打疫苗，因此这一阶段没有疫苗费用。

5．消毒成本分析

常规喂养的饲料在消毒费用方面比使用湿鲜生物饲料多18元，说明湿鲜生物饲料在抗病毒能力方面有一定的优势。

在中猪阶段，湿鲜生物饲料无论在猪的生长性能、料重比和饲养成本方面均比对照有明显的优势，这是因为湿鲜生物饲料通过复合微生物菌群的发酵后，将饲料原料中的纤维素、碳水化合物、蛋白质等大分子物质降解葡萄糖、果糖、氨基酸等小分子物质，易于被生猪吸收和转化，提高了饲料的转化效率。转化效率的提高，使得料重比减小，饲养成本降低。同时湿鲜生物饲料在微生物发酵过程中，还可合成各种各种维生素、抗菌素、促生长素等，并富含益生菌群、复合酶系与组合酶系、活性肽、菌多糖等益生素，既有益于促进猪的生长，又有益于猪体内的微生态平衡和提高猪的健康水平，因此猪的生长速度将更快。

三、生物饲料对大猪生长性能和经济效益的分析

选择同一批出窝的大猪80头，日龄在80d左右，体重在69～75kg，分别以性别比例相同和相互对照体重大体一致分两种处理，对照组和试验组，4个重复。

按养殖场常规管理，限量采食，自由饮水，定期清洗粪便。每天记录每栏的采食量以及观察猪的健康状况。

1．测定指标，主要是生长性能(日增重、日采食量、料重比)

（1）日增重结果。从日增重看，湿鲜生物饲料比对照在大猪阶段增加了0.02kg。即在大猪阶段日增重比对照提高了2.7%。

（2）日采食量结果。湿鲜生物饲料和常规饲料相比，喂养湿鲜生物饲料的大猪日采食量明显减少，大猪阶段减少37.3%。

（3）料重比结果。料重比方面，湿鲜生物饲料在大猪阶段降低了25.8%。

2．饲料成本分析

发酵饲料在大猪降低成本方面降低了32.02%。

3．药用成本分析

在试验期间很少使用药物治疗，可以忽略不计。

4．疫苗成本分析

大猪阶段无需打疫苗，因此这一阶段没有疫苗费用。

5．消毒成本分析

在大猪阶段常规饲料在消毒费用方面比湿鲜生物饲料多9元。

在大猪阶段湿鲜生物饲料生长性能方面比常规饲料有明显的优势，日增重提高了2.7%，日采食量降低了37.3%，料重比降低了28.8%，消毒成本比喂养常规饲料少9元，降低了养猪的成本，提高了养猪的经济效益，为湿鲜生物饲料推广及应用提供了理论依据。日增重提高是因为湿鲜生物大猪饲料当中的益生菌含量增多，对饲料原料进行了较彻底的分解和消化，使猪的消化吸收率得到提高，肠道菌落环境得到改善，从而日增重得到提高。常规饲料虽然添加了化学生长剂，但是却影响了猪的肠胃消化菌，改变了猪的肠胃菌落环境，从而比湿鲜生物饲料吸收率差些。

四、生物饲料对猪肉品质和胴体性状的影响分析

选择大小相近，毛色相同的杜长大二元杂大猪，试验组和对照组各两头，随机选取进行屠宰。

测定指标和方法：屠宰测定和肉质分析参照标准分析方法；胴

体性状主要测定屠宰率，眼肌面积和胭体中肉、皮、骨骼、脂肪比率；肉质性状测定宰后45min的肌肉pH值、肌内脂含量、含水率、系水力和肉色等；猪肉品质测定包括必须氨基酸、鲜味氨基酸、肌肉粗脂肪和粗蛋白。

1．猪肉品质测定

猪肉样品用匀浆机打成匀浆于冰箱中保存，准确称取样品质量进行稀释，在称取的样品中加入6mol/L盐酸10ml，冷冻4min，真空泵抽真空然后充入高纯氮气，再抽真空充氮气，重复3次，再放在110℃恒温干燥箱下进行水解22h后，取出冷却，将水解液进行过滤，过滤液全部于50ml容量瓶用去离子水定容，吸取lml水解液进行干燥，重复两次，最后蒸干，残留物用lml缓冲液溶解；最后再用氨基酸自动分析仪外标法测定氨基酸含量。

2．胴体性状测定

（1）屠宰率（%）。胴体重/屠宰前活体重×100。

（2）瘦肉率（%）。瘦肉重/（皮重+骨重+肥肉重+瘦肉重）×100。

（3）脂肪比率（%）。利用索氏提取法进行肌肉脂肪含量测定。

（4）熟肉率（%）。取腰大肌100g于2kW电炉上水蒸30min，取出冷却至温室时称重。按下式计算熟内率%：(蒸前肉重−蒸后肉重)/蒸前肉重×100%。

（5）贮存损失率（%）。将第二至三腰椎处背最长肌横切成2cm厚的薄片，修整成长5cm、宽3cm、厚2cm的长方体后在天平上称重（W_1），用铁丝钩住肉样一端，肌肉纤维垂直向下，装塑料袋中，吹气使肉样不与袋壁接触，用胶圈封口，在40℃冰箱中吊挂24h后称重（W_2）。计算公式=（W_1-W_2）/$W_1\times100\%$。

（6）眼肌面积（%）。第10肋处背最长肌的横断面积。先用硫酸透明纸描出眼肌面积，再用坐标纸计算眼肌面积。

（7）肉色等级。美制NPPC比色板（1994版）。上有5个眼肌横切面的肉色分值级别从浅到深排列，用于肉色定量评估。1分=灰白色（异常肉色），2分=轻度灰白（倾向异常肉色），3分=正常鲜红色，4分=稍深红色（属于正常肉色），5分=暗紫色（异常肉色）。用比色板（1991版）对照眼肌样本给出肉色分值。分值的精确度可判断到0.5分。

（8）背膘厚（cm）。取肩部最后处、胸腰结合处和腰荐结合处三点的平均值。

（9）失水率（%）。用压力法进行测定。

3. 猪肉品质测定

肌肉氨基酸中鲜味氨基酸总量为80.83mg/g，必需氨基酸总量为72.80mg/g，肌肉粗脂肪和粗蛋白分别为2.17mg/g和22.19mg/g，成分含量正常。表明湿鲜生物饲料完全可以替代常规饲料，猪的营养物质不会缺乏，并且猪肉的鲜味还会增强，这对提高猪肉的价格和养殖户的养猪经济效益是大有裨益的。这为湿鲜生物饲料的推广和应用提供了有力的理论依据。

猪的屠宰性能较好，屠宰率为77.61%，瘦肉率达70.64%，脂肪比率为11.91%，脂肪比率较小，熟肉率为64.16%，熟肉率正常；贮存损失率1.91%，贮存损失率较低，说明其水分较少，猪肉品质较好，总之肉质指标均处于正常范围。

喂食发酵饲料的猪肉皮质得到明显改善，其中鲜味氨基酸超出了国家指标标准。猪的屠宰性能较好，各个指标都达到国家标准，说明湿鲜生物饲料完全可以替代常规饲料，并且猪肉口感鲜美，有利于猪的销售，提高了猪的销售价格，提高了养殖户养猪的积极性。由于湿鲜生物饲料不含抗生素、促生长素等化学药品，并且湿鲜生物饲料当中含有大量的生物益生菌代谢产物（氨基酸、维生素、活性肽等益生素），从而使猪吃了湿鲜饲料后瘦肉率得到提高，氨基酸含量得到增加，肉色等级变好，失水率减小，从而进一步提高了猪肉的品质，更进一步的提高了猪肉的营养价值。

五、生物饲料对出口肉牛的生长性能和经济效益的影响分析

（一）试验方法

选择2岁左右，体重380t±21.33t左右的40头杂交肉牛作为试验牛。各组试验牛经检验差异不显著。将40头试验牛称重后按体重等级随机分为I、II组、III组、IV组，每组10头，试验牛在同一牛舍中分排拴系固定饲养，4组肉牛的体重和具体试验方法见表3-1。

表3-1 试验方法

组别 Group		试验I组	试验II组	试验III组	试验IV组
试验牛头数 Number(n)		10	10	10	10
初始体重 Average weight(kg)		380.0±77.75	380.5±64.27	380.5±61.21	380.5±67.02
预试期 Pretesting stage	天数(d)	10	10	10	10
	日粮(diets)	日粮1	日粮2	日粮3	日粮4
试验期 Experimental stage	天数(d)	60	60	60	60
	日粮(diets)	日粮1	日粮2	日粮3	日粮4

（二）日粮组成

日粮组成见表3-2。

表3-2 试验日粮组成

日粮	日粮1	日粮2	日粮3	日粮4
日粮组成	鲜马铃薯淀粉渣+1.2%精料补充料+青草	生物饲料+1.2%精料补充料+青草	生物饲料+1.0%精料补充料+青草	生物饲料+0.8%精料补充料+青草

1. 精料补充料

试验用精料补充料的配方和主要营养成分含量见表3-3。

表3-3 精料配方及主要营养成分含量

原料组成 Ingredient	配比 Composition (%)
玉米 Corn	60
豆粕 Soybean meal	15

菜籽粕 Rapeseed meal	10
麦麸 Wheat bran	11.6
磷酸氢钙 $CaHPO_4$	2
食盐 NaCl	1
碳酸氢钠 Na_2HCO_4	0.2
硫酸钠 Na_2SO_4	0.2
合计 Total	100
主要营养物质含量（绝干基础）	
干物质 DM	88.15
粗蛋白 CP(DM)	18.82
粗脂肪 EE(DM)	3.15
粗纤维 CF(DM)	4.85
粗灰分 CA(DM)	7.23
无氮浸出物 NFE(DM)	55.38
钙 Ca(DM)	0.84
磷 P(DM)	0.61

注：饲料的DM、CP、EE、CF、Ash、Ca、P和NFE含量分析测定按照国家标准GB6432-86、GB6433-86、GB6434-86、GB6435-86、GB6436-86、GB6437-86、GB6438-86方法进行。

2．草料

试验牛喂给的青草为牛场种植的黄竹草。黄竹草的平均营养成分含量见表3-4。

表3-4 黄竹草的营养成分含量

成分 Ingredient	含量 Content（%）
干物质 DM	21.45
粗蛋白 CP（DM）	12.60
粗脂肪 EE（DM）	1.97
粗纤维 CF（DM）	29.62
粗灰分 CA（DM）	11.52
无氮浸出物 NFE（DM）	43.40
钙 Ca（DM）	0.54
磷 P（DM）	0.35

3．生物饲料

（1）马铃薯淀粉渣。试验牛喂给的新鲜马铃薯淀粉渣为奈伦集团淀粉加工厂当天生产的，马铃薯淀粉渣的营养成分含量见表3-5。

表3-5 马铃薯淀粉渣的主要营养成分含量

成分 Ingredient	含量 Content（%）
干物质 DM	24.65
粗蛋白 CP（DM）	13.55
粗脂肪 EE（DM）	7.93
粗纤维 CF（DM）	22.05
粗灰分 CA（DM）	14.18
无氮浸出物 NFE（DM）	38.35
钙 Ca（DM）	0.18
磷 P（DM）	0.32

（2）生物饲料的加工。以马铃薯淀粉渣为主要原料，将玉米粉、菜籽饼均匀撒在酒糟堆的表面，把由酵母、乳酸菌和根霉组成的1%复合菌种溶解在水中，喷洒在酒堆上，边撒边搅拌，混合均匀后置于发酵池中压紧，然后立即密封保存，密封发酵7～10d。

（3）生物饲料的配方及营养成分含量。生物饲料的配方及营养成分含量见表3-6。

表3-6 生物饲料的配方及主要营养成分含量

原料组成 Ingredient	配比 Composition（%）
马铃薯淀粉渣 Potato starch residue	80
玉米 Corn	5
菜籽饼 Rape seed cake	5
水 Water	9
复合菌种 Complex microorganism	1
主要营养物质含量（绝干基础）	
干物质 DM	36.84
粗蛋白 CP（ DM）	14.41
粗脂肪 EE（DM）	8.64
粗纤维 CF（DM）	24.35
粗灰分 CA（DM）	14.25
无氮浸出物 NFE（DM）	36.54
钙 Ca（DM）	0.19
磷 P（DM）	0.30

（三）预试期

分组后按组排列拴系，饲喂试验用日粮，观察试验牛采食情况，同时在预试期期间用伊维菌素驱虫和山植健脾胃散健胃，并进行巴氏杆菌、炭疽杆菌和口蹄疫的疫苗免疫注射，待试验牛充分适应试验环境后开始正式试验。

（四）试验牛的饲养管理

试验牛日喂两次，先粗后精，早晚各一次，详细记录每头牛每天精、粗饲料采食量。每次饲喂后，清扫牛舍，保证试验牛有清洁的饮水和干净的休息环境。每30d进行一次牛舍彻底消毒，每两周选择晴朗天气梳洗牛体1次，保证牛体表的清洁卫生。

（五）数据收集

1. 饲料用量

每天记录每头牛的饲料喂量、剩料量和实际采食量，每30d进行一次统计。

2. 称重

在试验开始、结束以及试验中期每30d于清晨7:00～8:00逐头用地磅称取空腹体重，且于次日重复一次，取两次称重的平均数记作牛体的重量。

3. 试验牛健康状况记录

每天观察试验牛的身体状况表现，并记录其身体健康状况。

（六）数据统计分析

数据处理采用Excel2013软件进行，试验数据统计利用SAS（SAS for Windows Release 6.12)软件中的单因子方差分析法（duncan）进行。

1. 增重效果

计算出各组牛各阶段及全期的总增重、平均日增重，组间差异性检验。平均日增重的计算方法：平均日增重=（本期末体重-上期末体重)/本期试验天数。

2. 饲料利用率

统计各组各阶段及全期各种饲料的总消耗量、每头平均消耗量，计算饲料干物质消耗量、每头平均日粮干物质消耗量。

（1）饲料干物质采食量。在试验期内采食的精料、新鲜酒糟、酒糟生物料及青草的干物质采食量。

（2）各组试验牛的的饲料报酬。在试验期内消耗的全部饲料干物质量与增重之比。

3．经济效益

统计试验期内消耗各种饲料的成本及饲料总成本，根据整个试验期的总增重，计算每千克增重消耗的饲料成本。

（七）结果与分析

1．各组试验牛的日增重

从试验全期来看，4个组的平均日增重依次为：1186g/d、1475g/d、1133g/d和1098g/d，以II组的增重效果最好，显著高于I组、III组、IV组（$P<0.05$），其他各组之间差异不显著（$P>0.05$），具体结果见表3-7和图3-1。

表3-7 试验各阶段及全期日增重的不同变化

试验期 Trial period	组别 Group	始重(kg) Initial weight	末重(kg) Total weight	平均日增重(g/d) Average daily gain
试验一期 Phase1	I组	380.0±77.75	407.5±73.42	1145 ± 274.99^{b}
	II组	380.5±64.27	426.5±71.10	1533 ± 808.14^{a}
	III组	380.5±61.21	415.0±57.30	1150 ± 277.22^{b}
	IV组	380.5±67.02	408.5±66.50	1130 ± 195.63^{b}
试验二期 Phase2	I组	420.0±79.34	452.0±80.56	1165 ± 165.74^{b}
	II组	424.5±70.65	455.5±66.81	1417 ± 504.61^{a}
	III组	418.0±58.27	454.5±61.39	1117 ± 294.50^{b}
	IV组	417.0±66.17	448.0±60.33	1017 ± 253.98^{b}
试验全期 Overa11	I组	380.0±77.75	452.0±80.56	1186 ± 180.88^{b}
	II组	380.5±64.27	455.5±66.81	1475 ± 492.30^{a}
	III组	380.5±61.21	454.5±61.39	1133 ± 212.28^{b}
	IV组	380.5±67.02	448.0±60.33	1098 ± 171.46^{b}

注：①表中数据为mean±SD；②表中同行数据肩注字母有相同者表示差异不显著（$P>0.05$），字母完全不同者表示差异显著（$P<0.05$）。小写字母表示达到显著水平（$0.01<P<0.05$），大写字母表示达到极显著水平（$P<0.01$）。

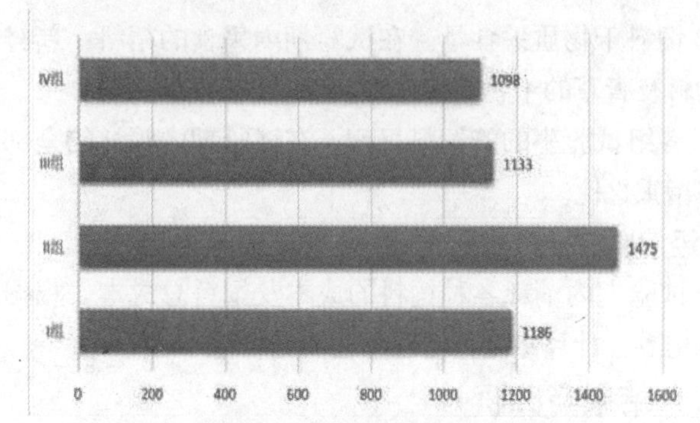

图3-1 试验牛试验期全期日增重（g/d）

2．各组试验牛的饲料利用率

（1）各组试验牛的日粮干物质采食量。在整个肥育试验中，4组牛的每千克增重日粮干物质消耗分别为7.98kg、8.45kg、7.81kg和7.77kg，II组与I组、III组、IV组比较，分别提高了5.56%（$P>0.05$）、7.57%（$P>0.05$）、8.05%（$P>0.05$），差异不显著，见表3-8和图3-2。

表3-8 各组日均干物质含量

组别	I组	II组	III组	IV组
试验一期ADMI	7.70±1.12	8.36±0.64	7.89±0.91	7.85±0.94
试验二期ADMI	7.97±1.33	8.31±0.82	7.94±1.13	7.86±1.33
试验全期ADM	7.98±1.22	8.45±0.84	7.81±0.97	7.77±1.35

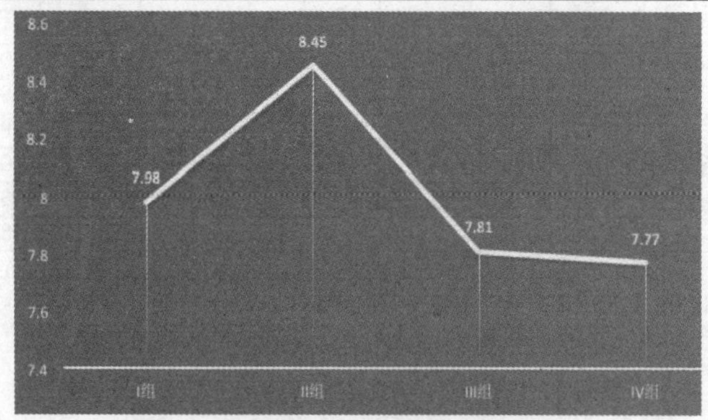

图3-2 各组牛日均干物质采食量（kg）

(2) 各组试验牛的的干物质饲料报酬。在整个肥育试验中，4组牛的干物质饲料报酬分别为6.72、5.72、6.89、7.08，II组比I组、III组、IV组分别提高了14.48%、16.98%、19.21%，见表3-9和图3-3。

表3-9 各组试验牛的干物质饲料报酬

组别	I组	II组	III组	IV组
总食入精料量(kg)	2536.00	2736.00	2280.00	1824.00
淀粉渣或淀粉渣生物料 (kg)	5786.00	5976.00	4392.00	4212.00
总食入青料量(kg)	5204.10	3061.40	4938.50	7008.80
由精料摄入D(kg)	2235.50	2411.80	2008.68	1606.94A
由粉渣或粉渣生物料摄入DM(kg)	1426.30	2001.50	1618.01	1551.70
由青料量摄入DM (kg)	1116.10	656.70	1059.31	1503.36
总摄入DM(kg)	4788.00	5070.00	4686.00	4662.00
总增重(kg)	711.60	885.00	679.80	658.80
饲料报酬FCR (DMI/增重)	6.72	5.72	6.89	7.08

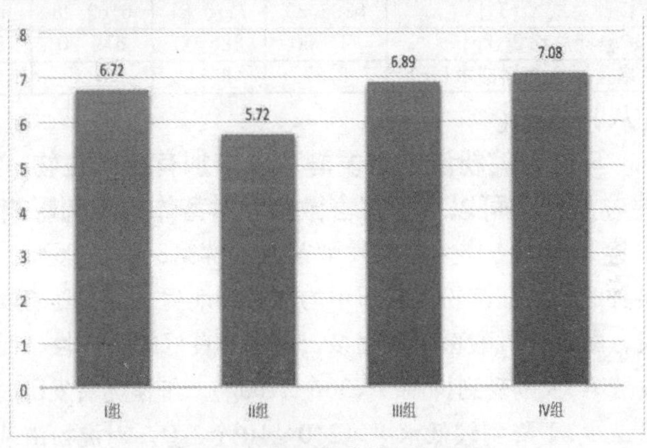

图3-3 各组试验牛的饲料报酬

3. 各组试验牛的经济效益比较

由于试验II组比其他三组日增重提高，饲料转化率提高，单位增重成本降低，因而使饲养费用降低，I组、II组、III组、IV组每千克增重所耗饲料成本分别为：8.97元、8.11元、9.06元、8.50元。II

组与I组、III组和IV相比，分别低了0.86元、0.95元、0.39元，经济效益比较显著，见表3-10。

表3-10 各组试验牛的经济效益比较

组别	I组	II组	III组	IV组
样本数(个)	10	10	10	10
精料单价(元)	1.80	1.80	1.80	1.80
精料总消耗量(kg)	2536.00	2736.00	2280.00	1824.00
精料成本(元)	4564.80	4924.80	4104.00	3283.20
粉渣单价(元)	0.18			
粉渣总消耗量(kg)	5786.00			
粉渣成本(元)	1041.48			
粉渣生物料单价(元)		0.30	0.30	0.30
粉渣生物料总消耗量(kg)		5976.00	4392.00	4212.00
粉渣生物料总成本(元)		1792.80	1317.60	1263.60
青草单价(元)	0.15	0.15	0.15	0.15
青草总消耗耗量(kg)	5204.10	3.61.40	4938.50	7008.80
青草总成本(元)	780.61	452.21	740.77	1051.32
饲料总成本(元)	6386.89	7176.81	6162.28	5598.12
试验期总增重(kg)	711.60	885.00	679.80	658.80
每千克增重所耗饲料成本(元)	8.97	8.11	9.06	8.50

（八） 结论

1. 马铃薯淀粉渣通过发酵可以增加有益微生物，抑制有害微生物生长，可以减少有害微生物对畜体的不利影响

马铃薯淀粉渣作为基质发酵前及发酵第3天、第6天、第10天时，接种的菌种在淀粉渣基质中均能很好地生长。并随着发酵时间的延长，酵母、乳酸菌菌数增多，显示了良好的适应性，而大肠菌群在发酵第3天则受到抑制（<30个/100g）。细菌随着发酵时间的延长数量减少,下降到较低水平（2.0×10^4个/g）。对淀粉渣基质接种微生物进行生料固态发酵，有益菌能否迅速转化为优势菌群，污染菌及大肠菌群能否有效得到抑制是直接影响产品质量的关键所在。研究发现，在用益生菌发酵的第4天，大肠菌群和腐败菌都下降到很低的水平。表明通过微生态制剂发酵饲料，使饲料中腐败菌和大肠菌群受到明显的抑制，这对于饲料营养的保持和饲料的保存都有重

要的作用，同时暗示了益生素进入机体后，如果环境条件合适，也可能发挥类似的抑菌作用。淀粉渣由于自身营养丰富而污染菌数较高，试验中笔者曾设想通过使用柠檬酸将发酵基质pH降低，以达到在发酵过程中较快抑制污染菌生长，并支持酵母及乳酸菌繁殖，结果与未加柠檬酸基质相比使用不十分明显。这是否因固态基质使用酸调整pH时不能均衡所致，有待进一步探讨。但试验提示，只有我们选准菌种，选择好菌种，采用厌氧发酵，3d后基质中污染菌及大肠菌群均能得到有效控制，下降到较低水平，从而减少了对发酵基质营养的无益消耗及有害代谢产物的产生，保证了有益菌的正常发酵。从而认为，微生物发酵可以作为净化饲料、防止饲料中污染的有害微生物对畜体危害的一项有效措施。

2. 淀粉渣通过发酵可以产生有机酸，可以增加饲料的保健功能

发酵前基质酸度较低（0.12%～0.53%），随着发酵时间的延长，基质中酸度呈直线上升趋势，与乳酸菌、酵母菌数的增加呈正相关关系。发酵10d时，接种菌种的基质，由于乳酸菌的参与，酸度比发酵前提高9.25倍。这是因为乳酸菌代谢产物主要是乳酸，从而大大提高基质的酸度。马桂荣等（1994）研究证明，饲料发酵4d后，pH值下降至5以下。试验结果表明，采用酵母、乳酸菌发酵可以明显增加饲料中有机酸的含量。国内研究人员试验证明，无论是以试管或动物试验皆证明有机酸可有效抑制大肠杆菌与沙门氏菌，并促进乳酸菌的增殖，此外，对金霉素与新霉素的抑菌效力也有增强的作用。还有试验证明在饲料中添加乳酸菌对一些腐败菌和低温细菌有较好的抑制作用。从而认为，马铃薯淀粉渣通过有益微生物发酵可以得到一种具有保健功能的饲料。

3. 有益微生物发酵可以改善马铃薯淀粉渣的营养

从整个试验来看，各组马铃薯淀粉渣基质中的粗蛋白发酵后比发酵前略有提高，这可能是因为酵母菌数增多，菌体蛋白累积的结果。张博润等采用三株菌固态发酵白酒糟，发酵后粗蛋白高达35.9%。祖国仁等（1999）用扣囊拟内孢霉和产肌假丝酵母混合固态发酵白酒糟6d，粗蛋白含量为33.54%。刘廷志等（1999）用产肌假丝酵母、热带假丝酵母、糖化菌和白地霉固态发酵酒糟，粗蛋白达到22%。而发酵后酒糟基质中粗纤维的含量比发酵前要高，其原因可能是微生物发酵过程造成了可分解糖类分解，转化成热能损失所至。另外本试验结果也显示：马铃薯淀粉渣基质发酵后淀粉含量出现下降的趋势，这是由于根霉中糖化酶的参与，基质中淀粉被降解的原因。其降解产物不仅为酵母及乳酸菌提供了碳素营养及能量来源，同时也将发酵基质在体外进行了一次预消化，提高了可利用性及营养价值。

4．饲喂马铃薯淀粉渣生物料可以促进肉牛增重

从本次试验结果来看，饲喂由1.2%的精料、马铃薯淀粉渣生物料和青草组成的II组试验牛的日均增重在不同的饲养阶段都显著高于直接饲喂鲜马铃薯淀粉渣、1.2%精料补充料和青草的I组试验牛，由表7可知，I组和II组在试验一期、试验二期和全期的的日增重分别是：1145g、1533g，1165g、1417g，1186g、1475g。说明马铃薯淀粉渣微生态饲料比直接饲喂马铃薯淀粉渣的饲养效果好，可以提高增重。可能的原因是新鲜马铃薯淀粉渣经微生物发酵以后，产生了一定量的菌体蛋白，积累大量的代谢产物，如消化酶、乙醇、B族维生素，有机酸、辅助生长因子等多种生物活性物质，这些代谢产物不仅可改善马铃薯淀粉渣生物料的适口性，而且微生物细胞及代谢产物随着发酵酒糟被动物采食后，可对动物肠道微生态平衡进行调整，达到帮助饲料的消化吸收，促进动物生长。这与金曙光等（1998）报道用发酵酒糟，饲喂猪、牛、羊、鸭等均取得较好的增重增产效果研究结果类似。从表7和图1来看，II组在试验的各个时期及整个时期的日增重都比III组和IV组的高，呈现显著差异（$P<0.05$），全期的日增重三组分别为：1475g、1133g、1098g。一

方面是由于II组、III组和IV组的精料补充料的用量不同所致，三组试验牛的精料补充料分别为牛100kg体重的1.2%、1.0%和0.8%，说明用马铃薯淀粉渣生物料育肥出口肉牛，如果精饲料喂量过低会降低肉牛的日增重，这与国内一些相关的研究报道一致。另一方面，由于能量和蛋白质是肉牛生长发育的主要营养限制因子，要提高肉牛的生产性能，就必须给肉牛提供足量的能量和蛋白质。而马铃薯淀粉渣生物饲料因含水量高、酸度较大，牛日采食干物质不足所引起III组和IV组牛摄入能量和蛋白质不足，满足不了肉牛快速生长所需的能量和蛋白质需要量，导致肉牛生长缓慢。

5．饲喂马铃薯淀粉渣生物料可提高肉牛饲料利用率

从I组和II组的饲料利用率来看，II组试验牛的干物质采食量与I组比较，提高了5.56%（$P>0.05$），差异不显著；II组饲料报酬比I组提高了14.48%。这可能有以下几方面的原因：

一方面，酒糟经过微生物发酵处理，使多株益生菌在生长代谢过程中有效提高了马铃薯淀粉渣内活细胞总数和菌体蛋白质含量，产生了多种酶系、氨基酸类物质、微量元素和多种维生素，从而增加了马铃薯淀粉渣内营养含量。

另一方面，马铃薯淀粉渣中的活性细胞（如酵母菌、乳酸菌等）进入瘤胃后，可刺激瘤胃内微生物的生长，使厌氧菌和纤维分解菌得以大幅度提高，从而提高粗饲料的利用。据willamns等（1990）报道了给杂交肉牛供给酵母培养物，能够提高饲料的利用率。另据一些专家报道，在泌乳牛、生长牛、水牛、绵羊、山羊日粮中添加酵母菌培养物，产奶量从6.8%到增加17.4%，平均提高7.8%（Dawsonete，1990；wsedmeier，R.D.ete，1987；Chase，L.E.，1991；Hamete，1994；Larson，E.M.ete，1993）。另报道，饲料中添加酵母培养物有减少尿内氮排泄量的效果，因此氮的利用效率增加，这给本试验提供了有利的证据（Brethour，J.R，1998；Gladee，M.J.etc，1992）。

第三，马铃薯淀粉渣中的活性益生菌进入动物机体，调节了胃肠内微生态平衡，在代谢过程中参与了动物机体内蛋白质、糖类、脂肪和矿物质元素的代谢，产生多种营养物质和促进因子。

第四，由试验的结果可知，马铃薯淀粉渣经微生物发酵以后，具有醇香味，改善酒糟的适口性，使试验牛的采食量提高，肉牛的饲料采食量对于提高日增重具有直接影响。

从II组和III组、IV组的饲料利用率来看，II组试验牛的干物质采食量与III组、IV组比较，分别提高了7.57%（$P>0.05$）、8.05%（$P>0.05$），但差异均不显著；而饲料报酬II组比III组、IV组分别提高了16.98%、19.21%。说明用马铃薯淀粉渣生物料饲喂肉牛时，要注意补充适量的精料补充料才能提高肉牛的饲料利用率。

6．饲喂马铃薯淀粉渣生物饲料可以降低肉牛养殖生产成本，提高经济效益

作为任何一项研究，它最终的目的还是指导生产实践，从经济效益方面考虑，本试验中II组的优势非常明显。从图3-4可看出，饲喂马铃薯淀粉渣生物饲料的II组和饲喂新鲜马铃薯淀粉渣的I组的每千克增重所耗饲料成本相比，II组比I组低了0.86元。说明用马铃薯淀粉渣生物料育肥出口肉牛的经济效益好。在肉牛生产中，提高肉牛的日增重是提高生产效益的关键。而提高肉牛的饲料采食量对于提高日增重具有直接影响。因此，马铃薯淀粉渣育肥出口肉牛生产要获得较高的经济效益，就应该有效地对马铃薯淀粉渣进行加工处理，改善马铃薯淀粉渣的适口性，提高出口肉牛的饲料采食量是生产中需要特别注意的工作。

7．结论

马铃薯淀粉渣通过复合菌种固态发酵可以增加有益微生物含量，抑制有害微生物的生长与繁殖，可以达到净化饲料的作用。通过有益微生物发酵处理，不仅可以增加有益微生物含量，而且可以改善饲料中的营养成分，增加有机酸的含量，提高饲料的保健功

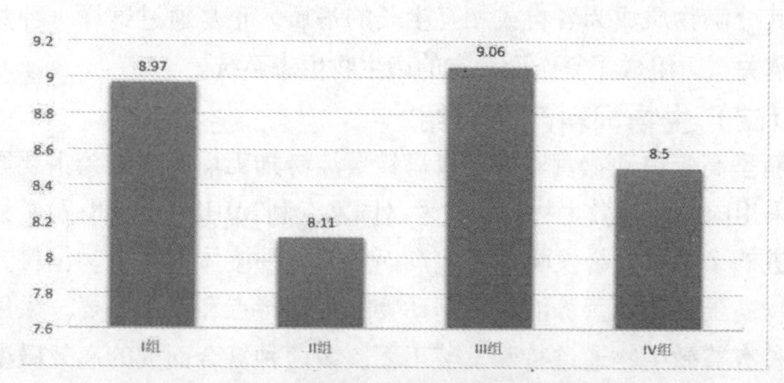

图3–4　每千克增重所消耗的饲料成本

能。马铃薯淀粉渣生物饲料采取固体发酵的方式，操作方法简单易行，可在养殖业中大面积推广应用。肉牛喂给马铃薯淀粉渣生物饲料，第一可促进生长；第二可提高饲料利用效率；第三还可节约精料，降低饲养的饲料成本，提高肉牛养殖的经济效益。马铃薯淀粉渣生物饲料要与适当的精料搭配饲喂才能获得良好的育肥效果，建议对育肥肉牛每天以喂给粗蛋白质含量16%～18%的精料补充的量为宜，而精料补充的量以占肉牛体重的1.2%为宜。

第五节　山西博亚方舟生物科技有限公司生物饲料应用实践案例

一、生物饲料技术成果概要

（一）生物饲料专利技术简述

山西博亚方舟生物科技有限公司生物饲料技术成果是经公司研发团队多年研究而成的，已经获国家专利（201010540308.7）。本微生物技术所使用的菌种，采用中国农业部菌种保藏中心严格筛选的双歧杆菌、酵母菌、乳酸菌、纳豆菌、光合细菌等有益微生物通过特殊发酵工艺、多菌种复合而成的高效微生态制剂。它的特点是，微生物活性强、蛋白质含量高。各种微生物在生长中产生的有益物质及其分泌物质成为各自或相互生长的基质，正是通过这样一种共生增殖关系，组成了复杂而稳定的微生物生态系统。

（二）生物饲料产品介绍

新型高蛋白动物营养液是以马铃薯淀粉加工后的废液为主要原料，采用国内最新微生物专利技术（国家专利201010540308.7），经过先进的多菌种复合发酵工艺生产而成的一种液体剂型生物饲料。微生物高蛋白动物营养液是根据动物的生理特点和营养需要，采用10多种有益微生物通过特殊发酵工艺、多菌种复合而成的高效微生态制剂。各种微生物在生长中产生的有益物质及其分泌物质成为各自或相互生长的基质，正是通过这样一种共生增殖关系，组成了复杂而稳定的微生物生态系统。众所周知在动物胃肠道内存在着大量微生物（其中对动物有益的微生物称为有益菌，对动物有害的微生物称为有害菌，绝大多数对机体即没有利也没有害，称为中性菌）它们相互依存、相互制约、优势互补，即起着消化、营养的生理作用，又能抑制病原菌的侵入和繁殖，作为整体发挥着预防感染的保健作用。当动物受到环境的污染、饲料更换、断奶、运输、抗菌药物干扰时，会引起体内有益菌群失衡（即有害菌占优势）从而患病。本品通过饮水进入动物消化道后，益生菌在其内定居、繁殖，形成强有力的优势菌群，通过改善肠道微生态平衡，促进机体健康。益生菌能合成维生素，形成具有抗菌作用的物质，从而加强肠道先天免疫系统，防止潜在致病性病原微生物的侵袭和抑制致病菌群，同时分泌与合成大量氨基酸、蛋白质、各种生化酶、促生长因子等营养物质，以调整和提高畜禽机体各器官功能。饲用本品能在高活性物质的作用下，分解饲料中的粗纤维，转化和利用饲料中的N、P、K，合成大量的糖类、淀粉类、氨基酸和优质蛋白质；能在动物肠道内形成稳定的生物营养机制；对动物产生免疫、营养、生长刺激等多种作用，能增强动物对饲料营养物质的消化和合成功能，提高饲料利用率。长期使用本微生物制剂能达到消除粪尿臭味、预防疾病、提高成活率、促进生长和繁殖、降低成本、净化环境、提高经济效益等一系列明显效果。

（三）高蛋白生物饲料营养液功效作用

1．提高饲料转化能力，降低养殖成本

经过本品发酵或者处理过的饲料，其中大分子有机物（木质素、甲壳素等），都被降解为小分子有机物（糖类、脂酸类等），加之菌体本身及其分泌、合成的活性酶等物质均大大的提高了饲料的营养价值，发酵后的饲料中所含18种氨基酸总量明显增加，不同饲料营养成分提高的幅度在10%～30%，而且适口性好，动物喜欢食用。饲喂本品处理过的饲料，可使肉比、料蛋比下降20%～40%，将大大的减少饲料成本。

2．分解转化抗营养因子和有毒物质

饲料的原料中含有各种抗营养因子或有毒物质，如大豆中的胰蛋白酶抑制因子，棉粕中的棉酚，菜粕中的单宁、异硫氢酸脂、恶唑烷硫酮等。它们可引起动物消化系统障碍、引起生长发育异常等。谷物饲料中的谷物纤维素成分、阿拉伯木聚糖等，不仅不能被动物消化吸收，还会干扰谷物主要成分的吸收。本品可以分解脱毒95%的有毒物质（费用可减少50%以上），转化饲料中各种抗营养因子90%以上，为动物的生长提供一个良好的营养环境。

3．缓解抗生素滥用问题

使用抗生素产品存在很多局限性，首先对动物机体有毒副作用，会引起动物免疫功能下降，甚至导致发病死亡。其次，有害菌产生抗药性甚至变异，导致抗生素使用疗效将越来越不理想。而本品具有天然，无毒副作用、无残留、无抗药性；提供特殊营养、防治疾病、促进生长、提高机体免疫力和抗应急等特点，是缓解及逐步替代抗生素滥用的理想产品。

4．促进生长，提高日增重，缩短饲养时间

乳猪较常规饲养增重40%以上，育肥猪可提前10d以上上市；僵

猪饲喂一个周期后可正常生长；肉用畜禽均可提前10～15d上市。

5．明显提高繁殖率

据试验报告，交配前20d开始使用本品，能提高畜禽生长繁殖率。母猪产仔率提高10%～20%；母鸡产蛋率提高15%～20%；奶牛产奶率提高6%～9.2%；羊的双胎及三胎增多，且小畜健壮，生长快；鱼虾产量提高8%～15%。

6．能消除畜禽粪便的嗅味，抑制腐败菌的生长繁殖，改善饲养环境，减少呼吸道疾病发病率

使用本品能消除粪便恶臭，除氨率达70%以上，能有效预防冬季猪棚鸡舍封闭太严而造成氨气中毒死亡等各种病症，能提高畜禽的抗病和免疫力。据试验报告，能有效防治黄、白红痢疾、猪仔成活率90%～100%；使畜禽发病率降低50%～70%以上，逐渐减少乃至消灭蚊蝇，净化环境，减少疾病发生。

7．提高改善养殖产品品质

改善肉、蛋、奶的品质，生产出鲜嫩无公害的纯天然绿色食品，鸡蛋的蛋白质可提高5.56%，而脂肪和胆固醇分别下降75%和84%，且蛋黄颜色较深，蛋白黏稠，没有任何残留。

二、生物饲料在蛋鸡上的应用实践案例

1．试验目的

本试验旨在验证山西博亚方舟生物科技有限公司动物营养液对蛋鸡感染大肠杆菌及沙门氏真菌治愈方面的效果，及对鸡蛋品质影响的试验。

2．试验材料与方法

试验时间：2012年3月27日。

试验地点：盂县汇荣养殖有限公司。

试验动物与饲养管理：试验组海兰褐29周龄蛋鸡，对照组海兰褐48周龄蛋鸡。试验蛋鸡自由采食、自由饮水。

试验材料：动物营养液（益生菌）饮水和环境喷洒。

试验设计：采用对比试验设计方法，将试验蛋鸡分为两组，试验组19697只，对照组19130只。试验共计30d，其中使用期为24d，用药期4d（新城疫疫苗）。

测定标准：蛋鸡的产蛋率、蛋重、畸形蛋、死淘率、蛋品质等。

3．试验结果

试验组数据和手机对照组数据见表3-11、表3-12。

表3-11 试验组数据

周龄	日期	日龄	室温	湿度	存栏	死淘	饮水量(kg)	投料量(kg)	产蛋个数	破蛋数	备注
28	3.16	190			20157	12		2400	18193	163	消毒
	3.17	191	16.1	20	20129	28		2450	18000	150	消毒
	3.18	192	15.5	26	20088	46	3900	2250	16562	152	消毒
	3.19	193	15.4	38	20222	61	3900	2300	19251	191	消毒
	3.20	194	15.3	40	19961	61	3900	2300	17963	173	消毒
	3.21	195	15.5	38	19918	43	3900	2350	17916	186	消毒
	3.22	196	15.6	42	19864	54	3700	2300	17710	190	消毒
本周合计						305		16350	125595	1205	
29	3.23	197	14.9	40	19824	40	3800	2350	18160	220	消毒
	3.24	198	16	34	19790	34	4100	2400	17986	196	消毒
	3.25	199	15.9	30	19752	38	4000	2420	18019	169	消毒
	3.26	200	15.9	32	19721	31	3900	2400	17925	95	消毒
	3.27	201	15.8	30	19697	24		2400	18047	53	消毒
	3.28	202	15.5	34	19653	14		2240	18057	87	消毒
	3.29	203	15.8	38	19671	12		2290	18083	83	消毒
本周合计						193		16500	126277	903	
30	3.30	204	15.7	40	19663	8		2440	18296	95	消毒
	3.31	205	15.7	34	19655	8	3800	2480	17887	67	消毒
	4.1	206	15.4	38	19647	8	3500	2400	17913	63	消毒
	4.2	207	15.7	40	19643	4	3700	2320	18150	90	消毒
	4.3	208	15.7	34	19639	4	3700	2240	18101	71	消毒
	4.4	209	15.8	38	19637	2	4100	2280	18032	62	消毒
	4.5	210	15.8	36	19634	3	4300	2240	18157	97	消毒
本周合计						37		16400	126536	545	

周龄	日期	日龄	室温	湿度	存栏	死淘	累计死淘率	饮水量(kg)	投料量(kg)	单位耗料(g)	产蛋数个	产蛋量(kg)	产蛋率(%)	破蛋数	破蛋率	料蛋比	备注
31	4.6	211	15.9	40	19630	4	5.9	4300	2400		18123	1089.8	92.3		1.1	2.21	消毒
	4.7	212	16.8	38	19620	10	5.94	3800	2420		18155	1084.4	92.5	183	0.7	2.14	消毒
	4.8	213	17.3	30	19613	7	5.98	3700	2440		17794	1068.85	92.7	95	0.9	2.28	消毒
	4.9	214	16.9	26	19609	5	6	3400	2420		18132	1090.05	92.4	166	0.9	2.13	消毒
	4.10	215	17.1	44	19599	9	6.04	3400	2240		17814	1099.8	90.8	170	0.9	2.04	消毒
	4.11	216	16.5	40	19584	10	6.04	3100	2320		17790	1099.8	90.8	166	0.9	2.11	消毒
	4.12	217	16.8	29	19582	7	6.13	4000	2280		17760	1069.75	80.6	169	1.1	2.23	消毒
本周合计						52			16520	119	125568	7602.45		180			
32	4.13	218	17.8	26	19574	8	6.16	3700	2360		17787	1074.45	90.9	182	1.4	2.19	消毒
	4.14	219	17.8	24	19554	20	6.26	3500	2280		18014	1112.25	92.1	134	3.7	2.04	消毒
	4.15	220	17.8	20	19548	6	6.29	3500	2320		17942	1084.3	91.7	145	1.4	2.14	消毒
	4.16	221	18	28	19542	6	6.38	3900	2160		17869		91.4	74			消毒
	4.17	222	17.8	26	19536	6	6.35	3500	2280		17483		89.5	83			消毒
	4.18	223	17.9	24	19529	7	6.36	3500	2240		17572		90	142			消毒
	4.19	224	17.8	34	19524	5		3500	2240		17650		90.4	70			消毒
本周合计						58			15880	116.2	124317	140313.2		830			

33	4.20	225	18.2		19510	14		3500	2280		17920		91.8	100			消毒
	4.21	226	18.1	44	19507	9					17052		87.4	102			消毒
	4.22	227															消毒
	4.23	228															消毒
	4.24	229															消毒
	4.25	230															消毒
	4.26	231															消毒
本周合计						23			2280		34972			202			

3月27日开始用动物营养液，4月21日结束；其中4月14日～18日用兽药（抗生素及免疫新城疫）。

表3-12 对照组数据

周龄	日期	日龄	室温	湿度	存栏	死淘	累计死淘率	饮水量(kg)	投料量(kg)	产蛋个数	产蛋率
49	3.30	337			19130	1			2360	16740	86.7
	3.31	338			19126	4			2400	16600	86.4
	3.32	339	17.4	34.5	19121	5			2400	16844	87.2
	3.33	340	17.3	40.2	19119	2		3700	2560	16700	86.6
	3.34	341	17.6	21.3	19115	4		3700	2320	16670	87.2
	3.35	342	19.7	6.7	19113	2		3900	2400	16776	87.8
	3.36	343	18.4	5	19113	0		3800	2440	16840	88.1
本周合计						18	7.1		16880	117170	

50	4.6	344	19.6	8.7	19110	3		3900	2320	16670	87.8
	4.7	345	20.6	4	19104	6		4100	2240	16785	87.9
	4.8	346	20.2	6	19100	4		4000	2400	16665	87.3
	4.9	347	18.5	11.3	19097	3		4000	2400	16410	85.9
	4.10	348	18	44.7	19043	4		4000	2320	16740	87.7
	4.11	349	18	32.7	19089	4		3300	2320	16650	87.2
	4.12	350		8	19085	4		3800	2200	16650	87.2
本周合计						28		27100	16200	116570	
51	4.13	351	19	6	19073	12		3800	2280	16800	88.1
	4.14	352	19.8	6	19072	1		4000	2440	16680	87.5
	4.15	353	20	6	19072	0		4000	2400	16420	86.1
	4.16	354	18.5	23.3	19068	4		3900	2200	16770	88
	4.17	355	21	10	19065	3		4100	2440	16435	86.2
	4.18	356	19.6	25.3	19060	5		4000	2320	16440	86.3
	4.19	357	20.3	23.3	19049	11		3900	2280	16740	87.9
本周合计						36	7.2		16360	116285	

4．结论

利用动物营养液饮水和环境处理，蛋鸡的死亡率得到控制，而且死亡率降低，说明鸡的免疫力得到提高；破蛋率在使用后，降低到50%左右；产蛋量有所增加，增加为1%～2%，而且免疫后和用药后产蛋率并没有多大的降低；说明试验鸡的肠胃生态系统并没有影响。最后肉眼观察，使用营养液的鸡，鸡蛋颜色要比对照组的鸡蛋颜色正，且蛋清黏稠度高。

三、生物饲料在肉猪上的应用实践案例

1．生物饲料对猪肉品质和胴体性状的影响。

（1）试验材料与方法。

试验时间：2012年11月2日。

试验地点：依安县达宇生物科技有限公司。

试验对象及数量：试验品种长白杂交；试验数量共计9头，对照组4头，试验组5头；试验对象都属7周龄猪。

试验方法

对照组：玉米面75%+浓缩料25%。

试验组：玉米面60%+生物饲料15%+25%浓缩料。

注：浓缩料采用沈阳联康浓缩料（编号L202A）。

免疫及疾病情况：试验前无任何免疫和疾病情况。

试验前称重数据：对照组10.55kg、5.8kg、7.8kg、7.85kg，平均重量为8kg。试验组10.35kg、9.75kg、7.95kg、8.5kg、5.75kg，平均重量为8.45kg。

试验均采用生物发酵床养殖，饲喂、饮水采用不定时，预计试验时长为30d。

（2）试验结果。2012年11月12日，第一次称重。

对照组：16.35kg、11.25kg、11.65kg、8.5kg，平均重量为11.9kg。

试验组：14.05kg、13.7kg、11.9kg、10.65kg、8kg，平均重量为11.65kg。

饲喂饲料的情况为：对照组共计喂料30kg，试验组喂料38.5kg。

（3）猪肉品质检测报告详见扫描文件。

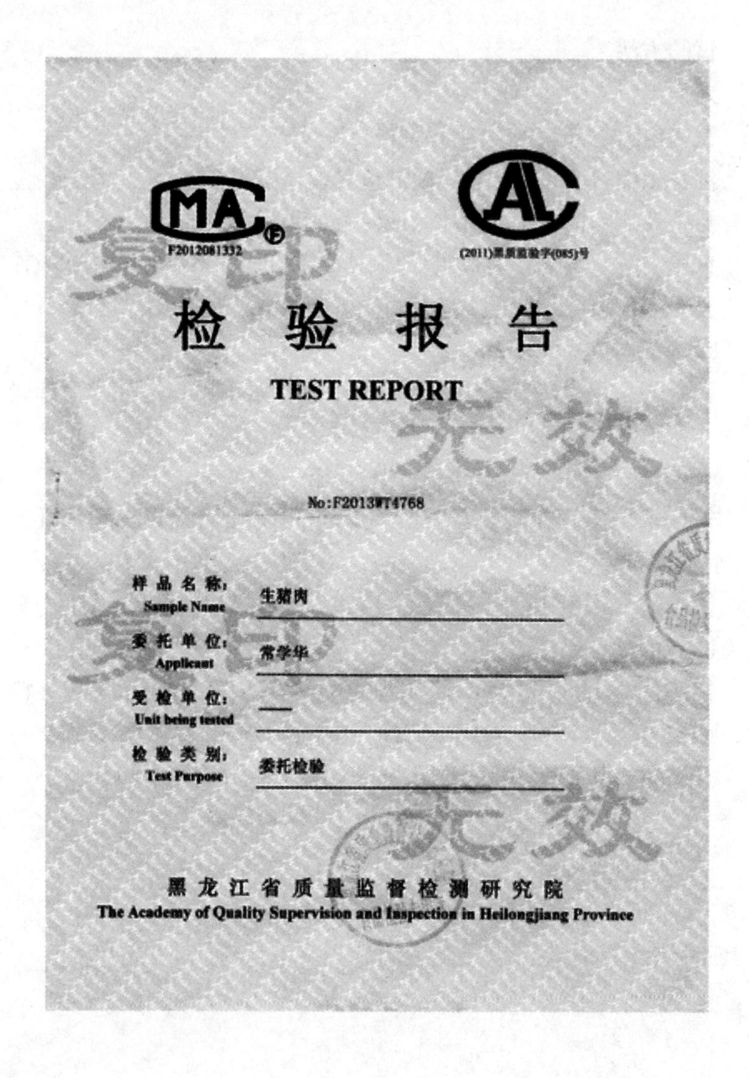

CMA F2012081332

CAL (2011)黑质监验字(085)号

检 验 报 告

TEST REPORT

No:F2013WT4768

样品名称：Sample Name 生猪肉

委托单位：Applicant 常学华

受检单位：Unit being tested —

检验类别：Test Purpose 委托检验

黑龙江省质量监督检测研究院

The Academy of Quality Supervision and Inspection in Heilongjiang Province

黑龙江省质量监督检测研究院
The Academy of Quality Supervision and Inspection in Heilongjiang Province
检验报告
Test Report

No: F2013WT4768　　　　共2页 第1页 Page 1 of 2

样品名称 Sample Name	生猪肉			商标 Trademark	—
委托单位 Applicant	常学华				
受检单位 Unit being Tested	—				
生产单位 Manufacturer	—				
抽样单位 sample unit	—				
规格型号 Specifications	—	样品等级/类型 Grade/Type	—	样品状态 Sample Description	散装、固态
生产日期/批号 Producing Date/Batch No.	—	送样人员 Sending	常学华	送样日期 Samples arrival date	2013-8-15
抽样基数 Sample Batch	—	抽样人员 Sampling staff	—	抽样日期 Sampling date	—
样品数量 Sample Quantity	1kg	抽样地点 sample address	—	检验类别 Test Purpose	委托检验
检验依据 Test Standard(s)	NY/T 843-2009、农业部1025号公告-25-2008				
检验项目 Test Item	无机砷（以As计）、铅（以Pb计）等11项，详见本报告检验结果汇总表。				
检验结论 Test Conclusion	检验结果详见本报告检验结果汇总表。 签发日期: Signature Date 2013年8月29日				
备注 Note	—				

批准: Approver 　　审核: Verifier 　　主检: Inspector 杨光

黑龙江省质量监督检测研究院

The Academy of Quality Supervision and Inspection in Heilongjiang Province

检验报告

Test Report

检验结果汇总表

No: F2013WT4768　　　　共 2 页 第 2 页 page 2 of 2

序号 No.	检验项目 Inspection project	单位 Unit	技术要求 Standard grade	检验结果 Inspection Result	单项结论 Result
1	无机砷（以As计）	mg/kg	≤0.05	<0.05	合格
2	铅（以Pb计）	mg/kg	≤0.1	<0.05	合格
3	总汞（以Hg计）	mg/kg	≤0.05	<0.01	合格
4	铬（以Cr计）	mg/kg	≤0.5	<0.05	合格
5	镉（以Cd计）	mg/kg	≤0.1	<0.01	合格
6	土霉素	mg/kg	不得检出（<0.1）	未检出	合格
7	四环素	mg/kg	不得检出（<0.1）	未检出	合格
8	氯霉素	mg/kg	不得检出（<0.01）	未检出	合格
9	盐酸克伦特罗	mg/kg	不得检出（<0.002）	未检出	合格
10	呋喃唑酮	mg/kg	不得检出（<0.01）	未检出	合格
11	恩诺沙星	mg/kg	——	<0.001	——

以下空白

声　　明
Explanation

1、检验报告无“食品检验专用章”无效。

The survey report is invalid if it has not been sealed with"special-purpose chapter for food inspection".

2、检验报告无主检、审核、批准人签字无效。

The survey report is invalid without the signature of the chief examiner and verifieras well as authorizer

3、检验报告涂改无效。

The report is invalid if it has been modified

4、检验报告不得复制，复制的检验报告无效。

The act of duplicating survey Report is not allowed, the duplicated survey report is invalid.

5、检验报告不盖骑缝章无效。

The survey report is invalid if junction edges of sheets has not been sealed.

6、送样委托检验结果，仅对所送样品有效。

The survey report of entrusted Inspection is valid only for the result of delivered samples.

7、委托检验报告的检验结论仅对委托方所送样品负责。本单位对报告中其它内容不承担核实责任，由于委托方提供的样品及其信息不真实而导致的一切后果均由委托方负责。

The examination conclusion of entrusted inspection is responsible only for the result of delivered samples. Our unit is not responsible for the checking of other contents of survey report.The entrusted unit is responsible for the unhappy result brought about by the delivered samples and unreal information

8、对本检验报告若有异议，应于收到检验报告之日起十五日内向检验单位提出，逾期不予受理。

Those who have doubt about the survey report could put forward written material to our unit in the deadline of 15 days after receiving the survey report. Our unit will not accept beyond the time limit.

单位地址(Address)：哈尔滨市道外区南通大街25号

联系电话（Tel)：（0451）86087300，86087366

传真（Fax)：（0451）86087366

邮政编码（ Zip Code)：150050

电子信箱（E-mail)：fxcs2005@sina.com

开户行（Bank)：中国工商银行哈尔滨太平桥分理处

银行帐号（Account)：3500070409008909948

2．生物饲料对肉猪表观性状的影响

（1）试验材料与方法。

试验时间：2012年6月17日。

试验地点：黄山逸竹农庄生态养殖园。

试验对象及数量：试验品种66日龄长白杂交；试验数量共计10头，对照组5头，试验组5头。

试验方法：

对照组：全价饲料70%+生物饲料30%。

试验组：全价饲料100%。

免疫及疾病情况：试验前无任何免疫和疾病情况。

（2）试验结果。30日后试验组猪只肩宽背圆腿粗壮，皮红毛亮精神旺，千头猪场效益增，饲料节省过十万。对照组猪光长势就比试验组差很多，且饲料费用要高。

第四章 生物发酵床的应用与实践

第一节 生物发酵床的操作方法与注意事项

一、养鸡用发酵床的操作方法与注意事项

发酵床养鸡的好处，与发酵床养猪相似，达到节省70%劳动力，节约用水，提高鸡肉品质，显著改善鸡的外观，显著降低发病率（特别是呼吸道疾病等），鸡舍几乎闻不到臭味，改善了劳作环境，与传统养鸡法相比有着天壤之别，并达到零排放，不污染环境，增加经济效益的目的。

由于体现了鸡的福利，减少了氨味对鸡的影响，满足了鸡的习性，鸡的抗应激能力大大增强，发病率大大减少，管理起来得心应手，这是发酵床养鸡给养殖户带来的最直观的好处。

一次建设可以使用3年以上，使用到期后的垫料也是优质的有机肥料。在发酵床养鸡舍内，只要保持有益微生物的优势，是很容易形成一个良性的微生态平衡的，整个鸡舍处于一个有益菌占绝对优势的环境中，清爽没有异味，有益菌已深入到环境中的每一个角落，显著增强了鸡的非特异性免疫力，减少了用药量，从而靠自身的免疫力和环境微生物的帮助，达到了抵御疾病的目的，与传统的养鸡模式的臭气熏天、苍蝇满天、疾病不断等形成天壤之别。

发酵床养鸡不仅可以提高肉蛋品质，减少药残，提高出口创汇的目的，还可以从本质上增强鸡只的品质，顺应了鸡的原始生活本质，如啄食沙砾、用脚刨地等原始生活习惯，例如鸡是有砂囊的，鸡的砂囊能将石头消化，其强烈的粉碎能力，由此可见一斑，若想增强鸡的消化吸收能力，应该在雏鸡时，就给鸡营造原始的啄食沙砾、用脚刨地的环境，垫料中有木屑，可消化利用的玉米芯粉末、

秸秆碎秆等，可充分锻炼鸡的砂囊和促进肠子生长的长度，在这种环境和条件下，可比一般普通的鸡盲肠的长度长1/3。这样既强化了胃肠的消化功能又锻炼了鸡的躯体和内脏，也杜绝了鸡的心理应激反应。

另外，传统笼养鸡的消化道极短，这也是造成饲料消化不好，鸡粪中仍然含有大量营养物质，如鸡粪的粗蛋白仍然达到了28%左右的主要原因之一。在发酵床中饲养的家禽，消化道长1/3，从而大大提高了鸡对饲料的消化吸收率，其结果就是：①饲料报酬大大提高，料肉比大大降低，效益大增；②排出的粪便臭味大大减少，减少了发酵床发酵粪便的压力，延长了发酵床的使用寿命和发酵效率；③鸡舍内的空气质量更好，鸡更加健康，最终形成一个良性循环。一只鸡节约的成本（相对于传统笼养肉鸡的饲料、药物支出等）可达到5元之多。

发酵床养鸡的死亡率和淘汰率相对传统笼养鸡大大减少，即使是蛋鸡的死淘率也可控制在5%左右，肉鸡在2%左右。传统笼养鸡肉的腥味突出，这是近年来消费者追寻农村土鸡的主要原因之一，而发酵床养出的鸡只，不仅肉质好，口味好，营养价值也更高，所以，发酵床养鸡，给很多传统笼养鸡业者提供了一个更好的养殖模式选择，鸡只更好销售，售价也更高，效益更好。

（一）发酵床养鸡的鸡舍建设

发酵床养鸡的鸡舍建设根据当地风向情况，选地势高燥地带，可以建设大棚发酵床养鸡舍，大棚两端顺风向设定，长宽比为3:1左右，高3.5m左右，深挖地下30cm以上，北方则要40cm以上（也可以在泥土地面上四周砌30～40cm高度的挡土墙，但同时鸡舍也需加高30～40cm），以填入垫料。地上式的更为简单一些，也适用于旧鸡舍的改造，只需要在旧鸡舍内的四周，用相应的材料（如砖块、土坯、土埂、木板或其他当地可利用的材料）做30～40cm高的挡土墙即可，地面是泥地，垫料30～40cm的垫料，加入菌液即可以了。

也可以采用半地下式的，即把鸡棚中间的泥地挖一点，如挖15cm深，挖出的泥土，可以直接堆放到大棚四周，作为挡土墙之用，起到了就地取材的作用。

总之，只要空出高度为30～40cm的空间，放置发酵床垫料即可，再在上面盖上养鸡的大棚即可。

建设简单的大棚，以24m×8m的大棚为例，面积为192m²，造价不到8000元，而建设相应的砖瓦结构鸡舍，需要4万～5万元。

充分利用阳光的温度控制：大棚上覆塑料薄膜、遮阳网，配以摇膜装置，棚顶每5m或全部设置天窗式排气装置，天热可将四周裙膜摇起，达到充分通风的目的。冬天温度下降，则可利用摇膜器控制裙膜的高低，来调控舍内温、湿度。冬天可将朝南遮阳网提高，以增加阳光的照射面积，达到增温和消毒的目的。使用寿命可达6～8年。

大棚发酵床养鸡的通风：不使用传统的风机进行机械通风，而是靠自然通风。垂直通风：大棚顶部，必须每隔几米留有通气口或天窗，可以由两块塑料薄膜组成，一块固定，另外一块为活动状态，打开通风口时，拉动活动的塑料薄膜，露出通风口，发酵产气可以直接上升排走，并起到促进空气对流的作用，并可垂直通风；在夏天可以利用这一通风模式。

纵向通风：利用摇膜器，掀开前后的裙膜可横向通风；把鸡棚两端的门敞开，可实施纵向通风。自然通风不需要通风设备，也不耗电，是资源节约型的。

发酵床鸡舍内，设定相应的育雏箱，育雏箱由三个不同温度连接在一起的一个整体箱组成。即休息室、采食槽、饮水槽，由休息室至饮水槽的距离不可低于60～80cm，随着雏鸡的迹渐长大，迫使雏鸡每天至少行走50～60次。其实在发酵床养鸡舍中，雏鸡会更愿意，或更早地离开保温箱，到发酵床中活动和戏耍，啄食垫料、刨地等活动，从而锻炼了鸡只的健康和消化道能力。

同时，每隔数米，放置几根支撑起来的竹架子，离地高度在50～80cm，目的是让成鸡可以飞上戏耍，也可以休息，夏天又可以起到清凉解暑的作用，并可相应增加养殖密度，提高效益，减少心理应激。

同时，在鸡舍外另外单独建设一个隔离栏舍，以备病鸡隔离治疗处理之用。

（二）发酵床养鸡的垫料准备操作技术示例

发酵床养鸡垫料的配方不需要用玉米粉等能量物质，因为鸡粪中营养物质非常丰富。

如果垫料厚度为35cm，一般每平方米垫料量至少在100kg左右，农富康发酵床菌液为每平方米2kg（以下是建设30m^{2}发酵床鸡舍的垫料配方）。

表4-1的垫料主要原料都是惰性比较大的原料，可以根据当地资源情况，适当地掺入秸秆资源，但必须粉碎处理，或切短处理（3cm左右长短），同时，必须是混合到惰性原料当中去，不能集中铺放秸秆料，不然会造成板结，影响发酵床功能。

表4-1 建设30m^{2}发酵床鸡舍的垫料配方

单位：kg

配方	配方实例
配方1	锯末1200+发酵床菌液60+水500
配方2	锯末1000+稻糠200+发酵床菌液60+水600
配方3	锯末700+统糠或稻谷秕谷500+发酵床菌液60+水600
配方4	锯末500+统糠或稻谷秕谷700+发酵床菌液60+水600
配方5	锯末600+统糠或稻谷秕谷600+发酵床菌液60+水600
配方6	棉籽壳粗粉400+木屑400+棉杆粗粉400+发酵床菌液60+水600
配方7	花生壳（简单粉碎）500+木屑700+发酵床菌液60+水600

以上配方中，虽然使用到了不同的原料配比，但在实际操作中，不一定非要把各种原料混合均匀再辅到栏中，而是可以分开辅放的，例如，最底层可以用未粉碎的稻谷壳、未粉碎的花生壳、未粉碎的棉籽壳、粗棉秆等比较不容易分解的东西，或者说底层可以

用一些比较粗大粉碎的东西，但是上层至少20cm，一定要用经过粉碎过后的锯末（混合或单一原料都可以），否则会感觉到刺皮肤和不舒服。

（三）发酵床菌液的简单制作方法（以制作50kg发酵床菌液为例）

原料准备：能够密封的塑料桶或者干净的大缸（容量50kg）、红糖（5kg）、原始菌种（5瓶）、无菌干净的水（深井水、凉开水或者放置2d的自来水）。

步骤1 先把塑料桶装入40kg无菌干净的水。

步骤2 取10kg水加热融化5kg红糖，溶化后倒进步骤1中的塑料桶内。

步骤3 把原始菌种加入塑料桶的红糖水中，搅拌菌液，然后密封起来。

步骤4 温度控制在30～40℃发酵7d左右。如果温度在20～30℃，发酵时间为12d。

步骤5 购买pH试纸，5d后打开容器［测试pH］，［pH在3.5～6］范围内，即发酵成功，如果没有pH试纸，可以倒些发酵原液口尝，酸香后即发酵成功。一般发酵7d后使用效果更好。

如果用量多，可以选择购买菌种自己制作菌液，可以节省成本。如果用量少，不愿意自己制作菌液，可以购买菌液直接使用。

（四）自己设计垫料配方的原则

垫料选择的原则是：以惰性（粗纤维较高不容易被分解）原料为主，硬度较大，有适量的营养如能量在内。各种原料的惰性和硬度大小排序为：锯木屑＞统糠粉（稻谷秕谷粉碎后的物质）＞棉籽壳粗粉＞花生壳＞棉秆粗粉＞其他秸秆粗粉，惰性越大的原料，越是要加点营养饲料如米糠或麦麸，保证垫料的碳氮比在25∶1左右，否则全部用惰性原料如锯木屑，通透性不太好发酵比较慢，没有一些颗粒或者体积大的粗垫料在内，发酵产热比较缓慢，所以在发酵时需要添加适量的秸秆粉末或者稻糠。

注意：惰性原料的颗粒粒度不能过细或过粗，如统糠粉，以5mm筛片来粉碎为度，木屑也要用粗木屑，以3mm筛子的“筛上物”为度。或者用粗粉碎的原料。对于锯木屑，只要是无毒的树木、硬度大锯木屑都可以使用，有人说含有油脂的如松树的锯木屑不能使用是不太准确的，松树、包含有特殊气味的樟树的锯木屑做养鸡等禽类发酵床都是可以使用的。

垫料厚度：在高温的南方，垫料总高度达到30cm即可，中部地区要达到35cm，北方寒冷地区要求至少在40cm。由于垫料在开始使用后都会被压实，厚度会降低，因此施工时的厚度要提高20%，例如南方计划垫料总高度为30cm，在铺设垫料时的厚度应该是36cm。

以上配方均为惰性比较大的原料组成，您可以根据自己的资源情况，适当添加20%的秸秆类原料，但必须做粉碎或切短处理。

（五）制作30m²养鸡发酵床的过程

（1）准备好原料：发酵床菌液60kg，70%～80%的惰性物质（锯木、稻壳、花生壳、粉碎秸秆、玉米芯等之类的不容易腐烂的物质），20%～30%的营养物质（麦麸、稻糠、玉米粉之类的有营养的物质），水若干（刚开始先少放些，湿度不够再加，做到40%～50%的湿度就行），10%的深层土。

（2）把发酵床菌液一半均匀混合到准备的水中，另30kg菌液和20%～30%的营养物质（麦麸或者稻糠玉米粉，一般情况下用麦麸或玉米粉60kg左右）混合到一起，湿度拌到50%左右。

（3）把惰性物质（锯木之类的）和营养物质（麦麸之类的）还有土混合到一起，一边混合一边用稀释过的农富康发酵床菌液喷洒，一边撒30kg发酵床菌液混合后的营养物质。拌匀的垫料的湿度一般为45%左右（用手握下垫料，手缝有水滴，但不会滴下来）。

（4）最后，我们把步骤三中的垫料堆放到一起，再用塑料薄膜封闭起来发酵，温度20℃以上，发酵3～5d即可，低于20℃，则要发酵5～7d。

（六）检验发酵床制作成功的标准

（1）垫料的组成要合理：锯末(惰性物质比如花生壳、稻糠之类的)占70%左右，无污染的土占10%左右，麦麸稻糠等占20%左右。

（2）水分控制要适度:40%～50%。

（3）发酵温度最重要，发酵床需要经过发酵成熟处理（即酵熟技术）后方可放入鸡进行饲养。酵熟技术处理的目的一是增殖优势菌种，二是杀死大部分垫料原料中不利于养鸡产生的微生物（包括绝大多数病原微生物和霉菌）。制作好的垫料第2天的温度要升到40～50℃，第3～4天要升到60～70℃，第5～7天恢复到40～50℃达到发酵腐熟的效果。

（七）发酵床养鸡的密度控制

发酵床养鸡，一般控制养殖密度比传统养鸡略小一些，建议：1～7日龄30只，8～14日龄25只，5～21日龄20只，22～28日龄16只，29～35日龄14只，36～42日龄10只，43～49日龄9只。另外，冬季可适当提高肉鸡饲养密度，利于棚内温度的提高。

二、养猪用发酵床的操作方法与注意事项

（一）发酵床养猪垫料的制作

养殖栏舍面积建议至少10m²，最大100m²，栏舍内分两个区域：①浅层垫料区域：距离食槽一边1.3m铺设水泥面，食槽的高度必须比水泥面至少高40cm，水泥面上再铺设15～25cm的垫料，此为浅层垫料区域；②厚层垫料区域：即1.3m水泥面之外的区域，地面不作处理，为泥地（但地下水位必须低于地面），此区域垫料厚度为：亚热带地区铺设30～40cm厚的垫料，温带地区铺设40～60cm，寒带地区铺设60～80cm厚的垫料。无论南方还是北方，浅层垫料区域与厚层垫料区域最终辅好垫料后，垫料表面处于同一水平面上。

接着将发酵床菌种与玉米粉混合撒在垫料中混合，操作方法：

每20m²面积使用发酵床菌剂（400g）与5～20kg玉米粉（温度高的季节使用少，低温季节使用多），撒在垫料表面层，于表面20cm适当翻耙，再用清洁的水淋透表面20cm即可，夏天最好淋上清洁的清水让垫料全部含水量保持在60%，薄膜覆盖发酵3～7d即可使用。

（二）垫料的选择

只要无毒、无霉变的含木质素半纤维素较高的锯末、谷壳、秸秆都可以使用。如果要制作使用多年的发酵床垫料，要求选择含木质素较高的锯末、谷壳等材料，最上层20cm要求粗细结合，如刨花（或谷壳）与锯末各占50%；如果制作使用一年左右的发酵床垫料，可以采用玉米秸秆简单切碎放在下层，上层15cm建议使用锯末与谷壳的混合物。不能使用花生壳、稻草、玉米芯等易产生黄曲霉素的材料做发酵床垫料。

（三）发酵床后期维护

发酵床养护的目的主要是两个方面：一是保持发酵床正常微生态平衡，使有益微生物菌群始终处于优势地位，抑制病原微生物的繁殖和病害的发生，为猪的生长发育提供健康的生态环境；二是确保发酵床对猪粪尿的消化分解能力始终维持在较高水平，同时为猪的生长提供一个舒适的环境。发酵床养护主要涉及到垫料的通透性管理、水分调节、垫料补充、疏粪管理、补菌、垫料更新等多个环节。

1．垫料通透性管理

长期保持垫料适当的通透性，即垫料中的含氧量始终维持在正常水平，是发酵床保持较高粪尿分解能力的关键因素之一，同时也是抑制病原微生物繁殖，减少疾病发生的重要手段。通常比较简便的方式就是将垫料经常翻动，翻动深度保育猪为15～20cm、育成猪为25～35cm，通常可以结合疏粪或补水将垫料翻匀。另外每隔一段时间（50～60d）要彻底的将垫料翻动一次，并且要将垫料层上下混合均匀。

2．水分调节

由于发酵床中垫料水分的自然挥发，垫料水分含量会逐渐降低，但垫料水分降到一定水平后，微生物的繁殖就会受阻或者停止，定期或视垫料水分状况适时的补充水分，是保持垫料微生物正常繁殖，维持垫料粪尿分解能力的另一关键因素，垫料合适的水分含量通常为38%～45%，因季节或空气湿度的不同而略有差异，常规补水方式可以采用加湿喷雾补水，也可结合补菌时补水。

3．疏粪管理

由于生猪具有集中定点排泄粪尿的特性，所以发酵床上会出现粪尿分布不匀，粪尿集中的地方湿度大，消化分解速度慢，只有将粪尿分散在垫料上（即疏粪管理），并与垫料混合均匀，才能保持发酵床水分的均匀一致，并能在较短的时间内将粪尿消化分解干净。通常保育猪可2～3d进行一次疏粪管理，中大猪应每1～2d进行一次疏粪管理。夏季每天都要进行粪便的掩埋，把新鲜的粪便掩埋到20cm以下，避免生蝇蛆。

4．补菌

定期补充EM益生菌液是维护发酵床正常微生态平衡，保持其粪尿持续分解能力的重要手段。补充EM益生菌最好做到每周一次，按1∶50～100倍液稀释喷洒，一边翻猪床20cm一边喷洒。补菌可结合水分调节和疏粪管理进行。

5．垫料补充与更新

发酵床在消化分解粪尿的同时，垫料也会逐步损耗，及时补充垫料是保持发酵床性能稳定的重要措施。通常垫料减少量达到10%后就要及时补充，补充的新料要与发酵床上的垫料混合均匀，并调节好水分。

发酵床垫料的使用寿命是有一定期限的，日常养护措施到位，使用寿命相对较长，反之则会缩短。当垫料达到使用期限后，必须将其从垫料槽中彻底清出，并重新放入新的垫料，清出的垫料送堆肥场，按照生物有机肥的要求，做好陈化处理，并进行养分、有机质调节后，作为生物有机肥出售。

垫料是否需要更新，可按以下方法进行判断：

（1）高温段上移。通常发酵床垫料的最高温度段应该位于床体的中部偏下段，保育猪发酵床为向下20～30cm处、育成猪发酵床为向下40～60cm处，如果日常按操作规程养护，高温段还是向发酵床表面位移，就说明需更新发酵床垫料了。可以用有机物含量小的垫料加以混合，比如锯末。

（2）发酵床持水能力减弱，垫料从上往下水分含量逐步增加。当垫料达到使用寿命，供碳能力减弱，粪尿分解速度减慢，水分不能通过发酵产生的高热挥发，会向下渗透，并且速度逐渐加快，该批猪出栏后应及时更新垫料。

（3）猪舍出现臭味，并逐渐加重。

（四）发酵床注意事项

1．锯末用量

面积20m^2、垫料厚度不低于50cm的标准圈，锯末总用量6～10m^3。太薄导致不发酵，太厚则可能导致内部升温太高太快。益生菌液可一次性均匀撒入全部垫料中，也可分3～4次局部性集中撒入。尽量用干燥锯末，新鲜锯末最好晾晒干后再撒入。

2．养殖密度

猪圈面积不能小于10m^2，养猪密度不能过高，否则会因粪尿积累超负荷而停止发酵。

3．节奏控制

猪圈发酵节奏与温度可人为控制，要特别快速升温与发酵，可采取如下一种或几种综合措施：增加益生菌液用量、预先加红糖水活化发酵菌剂、多添加新鲜米糠或尿素水等营养物、增加锯末层厚度、增加翻倒次数并打孔通气、适当调高锯末混和物含水量（但切忌水分不能超过70%，否则会因腐败菌发酵分解而产生臭味，与除臭目的背道而驰）等等。调低温度可采用相反措施。内部温度一般不要超过50℃，核心发酵层不超过60℃，表面温度25～30℃。

4. 替代垫料

尽量用锯末，锯末不易得到可部分用稻壳、秸秆等替代，表面20～30cm仍用锯末。应注意稻壳要破碎，秸秆应切短或粉碎，但不宜太细。

5. 湿度面积

发酵床应控制好湿度，垫料一般干撒即可，如垫料太干燥且易引起扬尘，影响猪的呼吸，只在表层喷点水即可。拉尿后垫料的最大湿度也不能超过65%。注意雨水或地下水均不能渗入床内。标准猪圈面积应在20m²以上（其他动物酌情调整），禁止10m²以下做猪圈发酵床。

6. 发酵状态

正常运行后的发酵床下层物料颜色逐渐变深变黑，无臭味而有淡淡酒香味，温度基本稳定，有时能见到白色菌丝。此时，如需用肥或作粗饲料，可部分清运出舍，不用也可长年不清。

三、养牛用发酵床的操作方法与注意事项

（一）牛舍的建造

发酵床养牛一般是卷帘框架式的结构，牛舍也是发酵床养牛技术成功与否的重要环节。一般要求牛舍东西走向坐北朝南，圈舍的长度不限，宽度10～15m，发酵床内留1m过道以便操作，充分采光、通风良好，南北可以敞开，食糟与水槽要分开在发酵床的两边。牛舍墙高3～4m，中部设置卷帘，阳光可照射床面积，以利于微生物的生长繁殖，利于发酵。夏季准备遮阳网，冬季草帘子足量。牛在松软的床面上面自由的活动，发酵床表面的温度在25℃左右，牛再也不用在冰冷的水泥地上休息，可以安全越冬；夏天放下遮阳膜，把四周裙膜摇起，可以通风降温。发酵床养的牛，又回到

了自然生长的环境，吃得好自然长得好。

（二）垫料的制作

发酵床养牛不同于一般的发酵床制作，因为牛的体重比猪要重几倍，常规的发酵床垫料不能承受牛强大的重力，针对发酵床养牛经过不断的实践探索总结出一套适合养牛的发酵床技术。垫料不论采用何种方法，只要能达到充分搅拌，让它充分发酵即可。

1．确定垫料厚度

牛舍垫料层高度夏天为60cm左右，冬季为80～100cm。

2．计算材料用量

根据不同夏冬季节、牛舍面积大小，以及与所需的垫料厚度计算出所需要的秸秆、稻草以及益生菌液的使用数量。

3．垫料准备

发酵床养牛的垫料主要分三层：

第一层，首先在最底层铺一些玉米秸秆，按每平方米加入1kg发酵床菌（液体）均匀搅拌，水分掌握在30%左右（手握成团、一触即散为宜）。

第二层，中间一层要铺上稻草，然后再喷洒一遍发酵床菌液。

第三层，铺上用益生菌喷洒后的粉碎的玉米秸秆，充分混合搅拌均匀，在搅拌过程中，使垫料水分保持在50%～60%（其中水分多少是关键，一般50%～60%比较合适，现场实践是用手抓垫料来判断，即物料用手捏紧后松开，感觉蓬松且迎风有水汽说明水分掌握较为适宜），再均匀铺在圈舍内，最上面用干的碎秸秆覆盖5cm厚，3d即可使用。

最后，发酵好的垫料覆盖上面摊开铺平，厚度10cm左右，然后等待24h后方可进牛。如牛在圈中跑动时，表层垫料太干，灰尘出现。说明垫料干燥，水分不够，应根据情况喷洒些水分，便于牛正常生长。因为整个发酵床的垫料中存在大量的微生物菌群，通过微生物菌群的分解发酵，发酵床面一年四季始终保持在25℃左右的温度，为牛的健康生长提供了一个优良环境。

（三）维护管理

发酵床养护的目的主要有两个方面：一是保持发酵床正常微生态平衡，使有益微生物菌群始终处于优势地位，抑制病原微生物的繁殖和病害的发生，为牛的生长发育提供健康的生态环境；二是确保发酵床对牛粪尿的消化分解能力始终维持在较高水平，同时为牛的生长提供一个舒适的环境。发酵床养护主要涉及到垫料的通透性管理、水分调节、垫料补充、疏粪管理、补菌、垫料更新等多个环节。

1．垫料通透性管理

长期保持垫料适当的通透性，即垫料中的含氧量始终维持在正常水平，是发酵床保持较高粪尿分解能力的关键因素之一，同时也是抑制病原微生物繁殖，减少疾病发生的重要手段。通常比较简便的方式就是将垫料经常翻动，翻动深度25～35cm，通常可以结合疏粪或补水将垫料翻匀，另外每隔一段时间（50～60d）要彻底的将垫料翻动一次，并且要将垫料层上下混合均匀。

2．水分调节

由于发酵床中垫料水分的自然挥发，垫料水分含量会逐渐降低，但垫料水分降到一定水平后，微生物的繁殖就会受阻或者停止，定期或视垫料水分状况适时的补充水分，是保持垫料微生物正常繁殖，维持垫料粪尿分解能力的另一关键因素，垫料合适的水分含量通常为38%～45%，因季节或空气湿度的不同而略有差异，常规补水方式可以采用加湿喷雾补水，也可结合补菌时补水。

3．疏粪管理

由于牛具有集中定点排泄粪尿的特性，所以发酵床上会出现粪尿分布不匀，粪尿集中的地方湿度大，消化分解速度慢，只有将粪尿分散在垫料上（即疏粪管理），并与垫料混合均匀，才能保持发酵床水分的均匀一致，并能在较短的时间内将粪尿消化分解干净。

通常保育小牛可2～3d进行一次疏粪管理，中大牛应每1～2d进行一次疏粪管理。夏季每天都要进行粪便的掩埋，把新鲜的粪便掩埋到20cm以下，避免生蝇蛆。

牛粪若集中在一起的话要人工疏散，把粪便均匀的散开在发酵床上面，埋入秸秆里面，最好每天清理一次，使粪便及时分解。

4．补菌

定期补充发酵床专用菌液是维护发酵床正常微生态平衡，保持其粪尿持续分解能力的重要手段。补充EM益生菌最好做到每周一次，按1∶(50～100）倍液稀释喷洒，一边翻牛床20cm一边喷洒。补菌可结合水分调节和疏粪管理进行。

5．垫料补充与更新

发酵床在消化分解粪尿的同时，垫料也会逐步损耗，及时补充垫料是保持发酵床性能稳定的重要措施。通常垫料减少量达到10%后就要及时补充，补充的新料要与发酵床上的垫料混合均匀，并调节好水分。

发酵床垫料的使用寿命是有一定期限的，日常养护措施到位，使用寿命相对较长，反之则会缩短。当垫料达到使用期限后，必须将其从垫料槽中彻底清出，并重新放入新的垫料，清出的垫料送堆肥场，按照生物有机肥的要求，做好陈化处理，并进行养分、有机质调节后，作为生物有机肥出售。及时更换部分垫料：发酵床养牛床面的温度在25℃，20cm以下是发酵层，温度可以达到50℃左右，表层的湿度在30%，若水分大就会造成秸秆板结、发臭，不能使用了，因此遇到这种现象要及时把垫料清理掉，重新加入新垫料。

垫料是否需要更新，可按以下方法进行判断：

（1）高温段上移。通常发酵床垫料的最高温度段应该位于床体的中部偏下段，为向下40～60cm处，如果日常按操作规程养护，高温段还是向发酵床表面位移，就说明需更新发酵床垫料了。可以用有机物含量小的垫料加以混合，比如碎秸秆。

（2）发酵床持水能力减弱，垫料从上往下水分含量逐步增加。当垫料达到使用寿命，供碳能力减弱，粪尿分解速度减慢，水分不能通过发酵产生的高热挥发，会向下渗透，并且速度逐渐加快，该批牛出栏后应及时更新垫料。

（3）牛舍出现臭味，并逐渐加重。

（四）发酵床注意事项

1．秸秆用量

面积20m^2、垫料厚度不低于50cm的标准圈，秸秆总用量约6～10m^3。太薄导致不发酵，太厚则可能导致内部升温太高太快。益生菌液可一次性均匀撒入全部垫料中，也可分3～4次局部性集中撒入。尽量用干燥秸秆，新鲜秸秆最好晾晒干后再撒入。

2．养殖密度

牛舍面积不能小于10m^2，养牛密度不能过高，否则会因粪尿积累超负荷而停止发酵。一般小牛是每头2m^2左右，大牛就是每头5～7m^2。

3．节奏控制

牛舍发酵节奏与温度可人为控制，要特别快速升温与发酵，可采取如下一种或几种综合措施：增加发酵床菌液用量、预先加红糖水活化发酵菌剂、多添加新鲜米糠或尿素水等营养物、增加秸秆层厚度、增加翻倒次数并打孔通气、适当调高秸秆混和物含水量（但切忌水分不能超过70%，否则会因腐败菌发酵分解而产生臭味，与除臭目的背道而驰）等等。调低温度可采用相反措施。内部温度一般不要超过50℃，核心发酵层不超过60℃，表面温度25～30℃。

4．替代垫料

尽量用玉米秸秆，不易得到可部分用稻草、其他等替代，表面20～30cm仍用碎秸秆。应注意秸秆应切短或粉碎，但不宜太细。

5．湿度面积

发酵床应控制好湿度，垫料一般干撒即可，如垫料太干燥且易引起扬尘，影响牛的呼吸，则只在表层喷点水即可。拉尿后垫料的最大湿度也不能超过65%。注意雨水或地下水均不能渗入床内。标准面积应在60m^{2}以上。

6．发酵状态

正常运行后的发酵床下层物料颜色逐渐变深变黑，无臭味而有淡淡酒香味，温度基本稳定，有时能见到白色菌丝。此时，如需用肥或作粗饲料，可部分清运出舍，不用也可长年不清。

7．垫料发酵过程中通常会遇到的问题及处理办法

（1）不升温。

原因：水分过高或过低；pH过高或过低，益生菌的含量不够。

处理方法：调整物料水分；调整物料pH，加大菌液的含量。

（2）升温后温度随即快速下降。

原因：原料中有机氮含量太低。

处理方法：应适当添加含氮量丰富的有机物料如猪粪。

（3）发酵过程中，异味、臭味浓。

原因：C/N（N指氮素原料，C指碳素原料）过低，或原料粒度过大，水分调节不匀。

（4）发酵后期氨味渐浓。

原因：物料水分偏大，pH偏高，发酵时间偏长。

处理方法：立即将发酵物料散开，让水分快速挥发。

注意：发酵床养牛法牛舍中不管用哪种饮水器，都要防备饮水器的水流入到发酵床中导致垫料湿度过大，需要在饮水器下面设一排水沟，以便把牛饮水时流下的水导流到牛舍外面，防止流到发酵床中增加发酵床中垫料的湿度。这样也能防止夏季炎热牛戏水为自己降温将大量水流进发酵床而导致发酵床中垫料湿度过大。

第二节 生物发酵床的特点与功效

一、发酵床从社会效益上来讲保护环境（圈舍周边无臭味，零排放，从源头上解决了污染问题）

为遏制近年来规模化畜禽养殖行业的迅速发展对环境造成的严重污染，国家出台了一系列的政策法规，各生产企业都在积极应对。目前各规模化养殖场大多采用达标排放、种养平衡、沼气生态等生态养殖模式。但在实际运用中发现，这些模式要么运行费用高，经济效益低，要么需要配套大面积的场所。

发酵床养殖法不同于一般的传统养殖，粪便、尿液可长期留存圈舍内，不向外排放，不向周围流淌，整个养殖期不需要清除粪便，可采取在畜禽出栏后一次性清除粪便，这样做不会影响畜禽的发育。因为在饲料和垫料中添加了微生物菌种，这样有利于饲料中蛋白质的分解和转化，降低粪便的臭味；同时在垫料发酵床内，垫料、粪尿、残饲料是微生物源源不断的营养食物，被不断分解，所以床内见不到粪便垃圾臭哄哄的景象。整个发酵床内，畜禽与垫料、粪尿、残饲料、微生物等形成一个“生态链”，发酵床就像一个生态工厂，它总在不停地流水作业，垫料、粪尿、残饲料等有机物通过发酵床菌种这个“中枢”在循环转化，微生物在“吃”垫料、粪尿、残饲料，畜禽在“吃”微生物（包括各种真菌菌丝、菌体蛋白质、功能微生物的代谢产物、发酵分解出来的微量元素等等），整个圈舍无废料无残留，无粪便垃圾产生，而且发酵床内部中心发酵时温度可达60～70℃，可杀死粪便中的虫卵和病菌，清洁卫生，使苍蝇、蚊虫失去了生存的基础，所以在发酵床式圈舍内非常卫生干净，很难见到苍蝇，空气清新，无异臭味。

二、发酵床经济效益的体现

（一）环境优越，发病率下降，减少用药

发酵床内环境优越，“冬暖夏凉”，冬暖，是因为垫料、粪尿和残饲料的混合物在发酵床菌种粪便发酵剂作用下迅速发酵分解，产生热量，底部温度可达40～50℃，中间甚至可达60～70℃，表层温度长期维持在25～30℃。这种环境冬天可以避免畜禽出现感冒生病。夏凉，夏天周围揭起塑料膜就是凉棚，而且凉爽不仅与温度还与湿度有关，发酵床的温度并不是无限上升的，而且还可人为控制。假定当发酵床内温度升高到接近或高于室内或室外温度时，热空气上升，冷空气从四周进入,产生对流，温度就迅速降下来了，而且还产生凉爽的感觉。同时圈内因无粪尿垃圾，而显得干爽，不会产生湿热闷闭难耐的感觉。夏天可以避免粪尿又多又湿又臭，影响呼吸道疾病和消化道疾病的发生。生活在发酵床内的猪只一年四季最舒服，畜禽处在自由逍遥的生存环境中，抵抗各种疫病的能力增强，兽药、疫苗使用数量下降。

（二）省工省力，提高效益

普通圈舍清除粪尿占用了大量的劳动力，发酵床懒汉养殖法免除了圈舍的清理，主要工作就是添加饲料，再在圈舍内安装自动食槽、自动饮水器，省工节力，一人就可饲养上千数量的畜禽，提高劳动效率可达60%以上，有利于畜禽饲养的规模化、工厂化发展。

（三）节省水电煤、饲料，降低饲养成本

常规饲养需要大量的水来冲洗粪尿，发酵床懒汉养殖法免除冲洗用水，只要饮水即可，所以节省用水90%。“冬暖夏凉”的环境省去大量电煤。发酵床内垫料、粪尿和残饲料的混和物经发酵床菌种粪便发酵剂发酵后，分解或降解出很多有益物质，如长出的放线菌菌丝、微量元素、蛋白质等，而且锯屑中的木质纤维和半纤维也可被降解转化成易发酵的糖类，这些都对畜禽的成长起到很好的促进作用。畜禽通过食用发酵床垫料，给畜禽提供了一定的营养，从而

减少了精饲料的供应，根据初步试验表明，可节省精饲料20%以上。

（四）发酵床养猪是照顾到了猪的生理和心理福利的原理

这是发酵床在养猪业上的重大贡献之一，即照顾到了猪的心理生理的需要，回归猪的天性。这是最新养殖技术模式，尽量回归动物天性。

我们已然知道：猪的各种应激行为，如饲料的变换、打针、断奶、换栏、运输、天气突变等等，会给养猪者带来各种麻烦，如猪病，情绪低落，生长速度放慢，饲料消耗增加。

发酵床养猪，让猪有一个舒适的心理环境，猪住得舒坦，又能玩耍，情绪开朗，自然而然的发病就少得多，心情郁积带来的疾病（特别是离开母猪断奶的阶段）如断奶综合征也大大减缓。所以，很多在水泥地面上饲养的猪，一旦移到发酵床上养殖，往往疾病大大减少，一些难以治疗的疾病，往往也不治而愈。心情舒畅，吃得也多，消化也好，饲料消耗也自然下降。

有人担心，这增加了猪的运动量，会减少饲料报酬，增加料耗，其实实践证明，恰恰相反，发酵床养猪减少了饲料的消耗，增加了效益，这一是因为猪心理生理得到了满足，住得舒坦，心情愉快，没有心理压力，反而比水泥地面的养殖方式增加了产肉率，同时，适当的运动有助于提高瘦肉率和猪肉品质；二是因为发酵床中的粪尿部分转化成菌体蛋白质，让猪啃吃，提高了饲料来源。

第三节　生物发酵床的效益分析

一、概述

随着养殖规模化、集约化程度的不断提高，养殖业面临着三大难题：一是质量安全，二是效益提高，三是环境治理。如何解决这些问题，特别是环境治理，方法较多但效果不好。近年来，采用生物发酵舍养殖家禽家畜，达到了免冲洗围栏，零排放，环保型，无公害养殖之目的。

（一）节能减排、保护环境

采用生物发酵床养殖，不需要对禽畜粪便进行清洗，也不会形成大量的冲圈污水，没有任何废弃物、排泄物排出养殖场，基本上实现了污染物“零排放”标准，大大减轻了养殖业对环境的污染。干粪便随排泄、随发酵、随分解、随转化，养殖场所里无臭气、无蚊蝇，无异味，空气清新，从源头上解决了养殖污染问题。圈底有机垫料干净卫生，松软适度，无臭味，垫料使用2年后，可直接用于果树、农作物的生物有机肥，达到循坏利用的目的。也可制作生物肥料销售，且有丰厚收益，可相抵菌种费用，生物发酵床养殖维护成本较传统沼气池低，因各地区气候、猪种、疫情、管理水准等差异，其结果会有所不同。同时，减少了大量秸秆被丢弃、焚烧和禽畜粪尿造成的环境污染，改善了生态环境。

（二）降低饲料消耗

有益微生物在繁殖过程中形成部分菌丝蛋白，可转化为禽畜的优质饲料蛋白质。禽畜食用后，可以使其饲料转化率提高。试验表明，采用生物发酵床技术的规模养殖场，一般可以节省饲料成本10%左右。

（三）提高禽畜肉质品质

禽畜在更为卫生和舒适的环境中生长发育，减少了疾病，减少了抗生素类药物的使用，提高肉质。

生物发酵床养殖禽畜，通风透气，光照充足，环境舒适，温湿度均适合禽畜生长。恢复和满足了禽畜的生物学习性，活动空间变大、运动量增加，符合动物的生活习性要求，禽畜对疾病的抵抗力增强。禽畜粪尿经过发酵，有害菌和寄生虫卵被杀死，切断了传染源，发病率明显降低，大大减少了抗生素和消毒药物的使用。避免了药物残留和耐药菌株的产生，禽畜肉质达到了国家无公害标准的要求。

（四）加快了禽畜的生长速度

生物发酵床养殖给禽畜提供了温床式的生活环境，极大地降低了普通养殖场所冬季水泥地面寒冷的应激，改善了禽畜体感温度，提高了冬季饲养肥育速度。同时，由于垫料发酵温度高，杀灭或抑制了细菌、病毒和寄生虫的繁殖，禽畜处在自由的生存环境之中，抵抗各种疾病的能力增强，生长速度明显加快。据试验，在舍外温度为−2℃的情况下，舍内温度可达14℃，发酵床温度可达28℃以上。育肥猪平均饲养周期缩短7～15d，每头猪可节约饲料15～25kg。

（五）提高了劳动效率

生物发酵床养殖采用自动饮水和自由采食，垫料可2～3年更换一次，不需要每天用水冲洗和清除禽畜粪尿。饲养人员每天的主要工作就是添加饲料，一人就可饲养800～1000头肥育猪或100～200头母猪，节约用水75%～90%，劳动效率提高60%以上，省工节本，效率高，有利于禽畜养殖的规模化、工厂化发展。

二、生物发酵床对养猪生产效益影响分析

（一）生物发酵床对猪舍环境的影响

1．对温度、湿度的影响

实践证明，温度过低或过高，均不利于猪的生长。当环境的温度过低，会使猪过度消耗体能来维持体温，影响生产力，尤其对于哺乳仔猪容易引起低温疾病，如拉痢等，环境温度过高，则会使猪的产热受到抑制，减少采食量，同时增加猪的散热调节使能耗增加，降低饲料转化率，最终造成猪生长缓慢。高温也影响猪的繁殖力，由于热应激引起性激素分泌减少，使母猪发情率降低及引起公猪精液品质下降，造成母猪受胎率降低。

猪最适宜的生长温度在15～23℃，正常的生长温度一般也要在

8℃以上，但我国大部分地区的冬季气温都低于8℃。汪道明、王远孝等的研究表明，发酵床的温度一般在40～60℃，冬季猪舍内温度达20℃左右，变动范围在17～24℃，能给猪提供适宜的生长环境，相比于传统水泥地，猪在此环境下的生长速度提高10%左右，而且可以节省大量的取暖费用。但在夏季，发酵床模式与传统模式相比没有优势，夏季的高温与发酵床的发酵热构成了生长猪的高温环境，造成猪的热应激。李娜等研究表明，在夏季高温环境下，生长猪回避发酵热，其维系行为多表现在水泥地面上，因此，需设计出既有发酵床又有水泥地的兼顾夏、冬季节使用的猪舍，以适应猪的防暑御寒，降低生产成本。

猪舍最理想的相对湿度是60%～70%，过低或过高对猪的生长都是不利的。当相对湿度低于50%时，空气中夹杂着病菌的粉尘浓度增加，传播速度加快，猪患呼吸道疾病发生率增加；当相对湿度高于80%时，会促进各种病原微生物、寄生虫的繁衍，引起猪各种疾病。高温高湿环境对猪的生长影响最大，猪的散热以皮肤和呼吸道的水分蒸发为主，在高温高湿情况下，猪体表与空气的水分压力差减少，热对流缓慢，从而使猪皮肤散热困难，加剧猪的热应激。有研究表明，当相对湿度为60%～70%时，猪在22℃的日增重为675g，在28℃的日增重为530g；当相对湿度为90%～95%时，猪在22℃的日增重为670g，在28℃的日增重只有485g。吴金英等研究指出，当温度低于24℃时，相对湿度对猪的生长没有影响，当温度高于24℃时，湿度的增加使猪的日增重率下降16%～29%不等。

生物发酵床技术养猪，由于猪粪尿均在发酵床体里，夏季气温较高，加上发酵热，发酵床水分蒸发量大，造成猪舍环境湿度过大，形成高温高湿热应激；冬季，由于保温需要，通风不足，也造成猪舍湿度较大。因此使用生物发酵床养猪，要特别注意猪舍的通风问题，猪舍湿度保持在60%～70%为宜。

2. 对有害气体的影响

猪场中的恶臭气味源于猪粪中所含有的氨气（NH_3）、硫化氢（H_2S）、二氧化硫（SO_2）、甲基硫醇（CH_3SH）、甲烷（CH_4）和粪臭素等成分。实践表明，生物发酵床养猪技术可以大大减少猪粪便恶臭气体成分的散发。柳田宏一、Chan等研究发现，发酵床养猪方式可减少氨、氧化亚氮、硫化氢、吲哚、3−甲基吲哚等臭味物质产生和挥发。夏鹰的研究指出，发酵床养猪少恶臭味的原因有三方面：一是微生物除臭，发酵床体含有不计其数的微生物，可快速将猪粪尿以及吸附在床体里的硫胺、吲哚等各种恶臭成分分解、吸收，转变为可供猪食用的粗蛋白和微量元素，促进猪生长，减少恶臭物质的产生；二是物理除臭，恶臭气体被吸附在发酵床体的固体和液体介质表面，使其不易散发到空气中，减缓恶臭气体成分释放的速度和释放量；三是化学除臭，恶臭气体成分被吸附在发酵床体里，转移至液相，并与发酵产生的物质发生中和、氧化反应，如硫化、氮化等，达到去除臭味。

3. 对周边环境的影响

采用生物发酵床养猪可以大大减轻对环境的污染。由于猪粪尿均排放在发酵床体里，利用垫料中的微生物发酵降解，转化为菌体粗蛋白，猪可以拱食而再次利用；同时发酵床的发酵热可以将粪尿的水分快速蒸发，不需对猪粪清扫排放，也不会形成大量的冲圈污水；在微生物的作用下，也减轻了恶臭气体的散发。武华玉等研究指出，发酵床养猪技术与传统养猪技术相比，干物质及主要营养物排放量大幅减少，其中干物质、总蛋白及磷、钙含量分别减少了10.68%、7.87%、23.77%、39.57%，这表明发酵床养猪技术能提高饲料利用率，减轻环境污染。但梁皓仪也指出，绝大多数无法降解的有机物及百分百的无机物（如磷、铜等元素）都会遵循“物质不灭定律”沉积在发酵床中，始终有被一次排出的一天，而且内容物被浓缩了若干倍，排放的形式从原来的每天持续排放改为一次集中排放；更有甚者，发酵床体里浓缩了大量的重金属元素，猪拱食或一次性集中排放到某一特定环境中，造成的祸害可能难以想象。因此，对于发酵床养猪技术是不是“零排放”还有争论，对于养猪后的发酵垫料的危害和处理仍有待研究。

（二）生物发酵床对猪生长性能的影响

王德刚、郑卫兵等的研究表明，与传统水泥地养猪相比，发酵床养猪使育肥猪日增重增加2%～3%，料肉比降低2%～5%，平均每头猪多增重10～15kg或以上，可提前8～15d出栏。山东省畜牧局于2007年5月在枣庄所做的研究结果指出，发酵床组比常规组平均日增重17g（2.11%），每千克增重耗料低0.007kg（2.35%），饲养成本减少了23.67元，即降低了3.53%。彭乃木、黄展鹏等的研究指出，试验组与对照组头均始重分别是22.57kg和22.5kg，差异不显著（$P>0.05$）；试验组与对照组头均末重分别是98.03kg和91.75kg，差异显著（$P<0.05$）。试验组与对照组总耗料分别为70878kg和68973kg，试验组与对照组每千克增重耗料分别为3.09kg和3.32kg，差异显著（$P<0.05$）。段淇斌、姬永莲等的研究表明，发酵床试验组和传统饲养对照组头均日增重分别为686g和610g，试验组较对照组头均日增重提高了12.46%，经t检验差异显著（$P<0.05$），头均饲料消耗量试验组和对照组分别为115.62kg和122.27kg，试验组猪不但增重高且较对照组节省饲料5.75%。王诚、张印等的研究表明，试验组日增重增加5.26%（$P<0.05$），料重比降低2.57%（$P<0.05$）。这表明在生物发酵床上饲养相对于水泥面饲养可以显著提高猪的日增重和料重比，显著提高猪的生产水平。武华玉、乔木等的研究表明，选择50d龄的试验猪300头随机分成2组，分别采用生物发酵床养猪技术和传统养猪技术进行饲养，60d后，采用生物发酵床养猪技术饲养的猪较传统养猪技术的日增重可提高14.1%，料重比降低了5.63%。

从以上的试验结果看出，不同的研究人员在不同的时间做发酵床养猪与传统水泥地养猪的对比试验，所得到的数据结果不同，但都证明发酵床养猪与传统水泥地养猪相比，猪的日增重增加，料肉比降低。这是因为采用发酵床技术后，猪生活环境舒适，增加睡眠时间；冬季保温效果好，减少了能量消耗；同时安全、舒适环境使抵抗力增强，疾病减少，生长速度加快。

（三）生物发酵床对猪胴体品质的影响

赵书广的研究表明，发酵床养猪，由于减少了抗生素的使用，增加了肉质的安全，猪只肉色红润、纹理清晰，水分少而肉香，pH值指标得到改善，提取后腿肉、里脊肉检验，氨基酸及其他营养含量分别提高了10%～15%。

彭乃木、黄展鹏等的研究也证明了上述观点，即采用发酵床养猪，猪的生活环境得到改善，减少了疾病，减少了抗生素及其他药物的使用，提高了猪肉品质。吴金山的研究也指出，发酵床上养的猪用药少，大猪可以完全不用药，大幅度减少甚至消除药物残留。由于猪运动多，体质好代谢机能完善，体内营养物质的沉积趋于完全，营养浓度增高，基本消除了PSE（苍白）肉和DFD（黑干）肉的产生。同时肉块没有腥气，肉质结实，不论哪种方法烹饪，不论瘦肉和肥肉，香味都很浓。王诚、张印等的研究指出，发酵床与传统水泥地相比，大理石纹评分提高7.35%，失水率降低17.30%，对肌内脂肪的影响显著（$P<0.05$），说明发酵床养殖模式可以明显改善猪肉的品质。

（四）生物发酵床对猪健康的影响

生物发酵床养猪技术使发酵床体的有益菌快速繁殖而建立优势菌群，加上高温的发酵热，能抑制和消灭多种虫卵和病原微生物。猪在发酵床上的运动量增加，同时拱食垫料发酵床的菌体蛋白，增加了肠道有益微生物，使猪的抗病能力增强，不易或减少生病，特别是呼吸道疾病和消化道疾病较传统集约饲养有大幅下降，大大减少了抗生素、抗菌性药物的使用，生产出真正意义上的无公害有机猪肉。王德刚、郑卫兵等在2003年对猪场仔猪的研究指出，与传统养猪相比，发酵床技术能使仔猪的疾病发生率明显降低，仔猪消化道疾病发病率降低了23%，哺乳仔猪关节炎发病率降低了5.3%，育成率提高了3.4%。说明发酵床使栏舍地面保持干爽，改善猪舍环境，对降低发病率、提高成活率和育成率有明显的促进效果。王诚、张印等在做发酵床饲养模式对育肥猪免疫水平的影响对比试验时指出，发酵床猪舍中血清1gA与lgG的浓度分别为0.18g/L与3.33g/L，显著高于水泥地面猪舍中的浓度，而彼此间IgM血清浓度无显著差异。

第四节 生物发酵床的制作方法

一、畜类生物发酵床的制作（以猪为例）

生物发酵床的垫料是有益微生物活动和猪粪尿分解的载体。目前，制作生物发酵床的原料主要是稻壳和锯末，二者主要成分为纤维素、木质素；锯末具有较强的保水性能，稻壳是良好的通气材料，将二者按一定比例配制混匀，易于调节有益好氧微生物正常生理活动所需要的水分和氧气。为促进发酵前期菌剂中微生物的快速生长繁殖，通过添加米糠、麦麸等易分解营养物质来实现。生物发酵床中各原料的配比见表4-2。

表4-2 生物发酵床中原料的组成比例（体积比）

季节	稻壳（%）	锯末（%）	米糖(kg/m³)	发酵菌液(kg/m³)
冬季	50	50	6.0~7.0	0.2~0.25
夏季	60	40	5.0~6.0	0.20

对于生物发酵床的厚度，由猪的废物排泄量、养殖密度、各地区气候等因素决定，不同类别的猪群对生物发酵床的厚度要求存在差异，其厚度不得小于60cm，各类别猪所需要生物发酵床体积、面积见表4-3。

表4-3 不同猪群对生物发酵床（垫料）的体积和面积要求

猪只类别	垫料厚度（cm）	垫料体积（m^3/头）	垫料面积（m^2/头）
妊娠母猪	90～120	1.3以上	0.9～1.4
哺乳母猪	80～90	1.5以上	1.7～1.9
种公猪	55～60	1.5～1.6	2.5～2.9
保育舍猪	55～60	0.2～0.3	0.3～0.5
生长猪	80～90	0.7～0.9	0.78～1.0
育肥猪	80～90	1.0～1.2	1.1～1.5
后备猪	80～90	1.0～1.2	1.1～1.5

（一）生物发酵床的原料选择与制作

1. 活性剂

活性剂是从植物生长点内提取出来的，主要由天惠绿汁、氨基酸液、水果酵素等营养汁混合后经发酵制成。活性剂的功能是用于调节微生物的活性及促进微生物的生长繁殖。当生物发酵床中的微生物活性降低时，向发酵床中喷洒活性剂，提高土壤微生物的活力，以提高微生物对排泄物的降解，加快消化速度。因此，活性剂的合理利用对发酵床的循环利用具有重要的作用。

2. 垫料选择

垫料选择的原则是：通透性强，吸附性好。而且要求新鲜、无霉变、无腐烂、无异味、无毒等，容易干燥，来源广泛，经济实惠。目前使用最多的垫料是锯末和稻壳，锯末的细度较均匀，纤维素、半纤维素含量高，吸水性特别强，通透性好，耐碳化分解等，而且来源广，成本也较低。稻壳的吸水力相对较低，但灰分含量高，容重比较小，而且它的壳状立体空间结构能够使垫料原材料之间保持一定的空隙和弹性，有利于微生物的有氧发酵。除了锯末和稻壳，还有花生壳、秸秆粉等都具有良好的通透性和吸附性，可以作为垫料的主要原料；同时，为确保垫料制作过程的正常发酵，还要选择其他一些原料作为辅助材料，包括水、玉米粉、麦麸、磷酸氢钙、食盐、红糖等。而在进行发酵床垫料的组合配方时，原料中的碳氮比则是重要的指标，碳氮的比值低，垫料使用的年限就短；

碳氮的比值高，垫料使用的年限就长。研究表明，发酵床垫料的碳氮比应大于25∶1。但一般各地的垫料资源不同，可以把碳氮比大于25∶1的垫料原料和碳氮比小于25∶1的营养辅料进行组合，以达到降低成本，延长使用寿命，提高发酵效率的目的。朱洪等应用木屑和稻壳按1∶1混合制成垫料，发酵效果很好。董佃朋等以成熟芦苇秆为原料，研究不同粉碎程度的芦苇秆在发酵床中的适宜配比，也取得良好的效果。目前效果较好的几种垫料原料组合有："锯末+玉米秸秆"、"锯末+稻壳+米糠"、"锯末+花生壳"、"锯末+玉米秸+花生壳"、"锯末+稻壳+花生壳+玉米秸"等。

3．生物发酵床的制作

根据猪舍的情况来制作发酵垫料。在制作时，先根据各种原料的比例要求算出各种原料的用量。具体用量参考如下（按面积25m^{2}可，厚度90cm计算）：活性剂（天惠绿汁、氨基酸液、水果酵素等营养汁混合而成）8kg（用500倍水稀释）、锯末3750kg、泥土375kg、盐12kg、米糠、麸皮、玉米粉适量、微生物菌种50kg（商业菌种，瓶装）、水约1000kg，水的多少视原材料的干燥程度而定，一般制作好后的垫料含水量为60%左右。

材料都准备好后，在一块平整地面上，将锯末、泥土、稻壳、麦麸、盐等均匀混合在一起，将菌种、活性剂、红糖等按比例加水稀释后喷洒在锯末等的表面，并充分拌匀，最好的垫料含水量维持在60%左右。表观是：垫料潮湿，手用力握成团，不松散，不出水。做好之后，用麻袋或编织袋覆盖周围保温，发酵3～7d（不同季节发酵的时间不同，主要视垫料内部温度而定），当内部温度可达到5～60℃时，发酵床垫料就做好了，可以将之移入猪圈内，再次在床表面喷洒一次发酵菌液。24h后便可将猪只放入饲养。

不同国家和地区，制作的发酵床垫料厚度不同。日本的土著菌发酵床垫料厚度100cm，可使用10～20年。chan等针对香港地区夏季高温特点，改进发酵床厚度，在排便区加铺5～6cm厚的木屑，每隔两周添加一次垫料，这样在整个饲养期不用清除垫料。王远孝等所制作的自然发酵床，垫料厚50cm。

（二）生物发酵床的日常管理

用生物发酵床养猪，首先要满足三个前提条件：一是猪的饲养密度要适宜，否则因粪尿过多，发酵床不能迅速降解和消化，一般以每头猪占地1.2～1.5m为宜，小猪时可适当增加饲养密度；二是入圈生猪事先要彻底清除体内的寄生虫和消毒，避免将寄生虫和病原微生物带入发酵床，以免猪只发病和影响发酵床的后续效用；三是发酵床猪舍内禁止使用化学药品和抗生素类物品，避免消灭发酵床的有益菌体，使发酵床无法发酵。满足了这三个前提条件，接下来还要对生物发酵床进行日常管理维护，才能很好地发挥发酵床的养猪效果。

生物发酵床日常管理的目的主要有两方面：一是维持发酵床的生态平衡，使有益菌始终占据优势地位，抑制病原微生物的生长，为猪提供健康的环境；二是使发酵床对猪粪尿的分解能力始终保持在较高的水平，为猪只生长提供舒适的环境。发酵床的日常管理主要涉及垫料的通透性管理、疏粪管理、水分调节、菌种补充、垫料补充与更新等环节。

1．通透性管理

通透性的管理目的是促进益菌大量繁殖和充分发酵猪粪尿，同时抑制有害病原微生物生长，减少疾病的发生。在猪的踩踏下，发酵床的垫料很容易出现板结现象，一旦发生板结，发酵床的通透性降低，使发酵床的融氧量下降，微生物没有足够的氧气来繁殖和发酵分解粪尿，会使大量菌种死亡，粪尿无法分解，影响发酵效果。因此，一般每隔一个星期左右翻动发酵床一次，翻动深度保育猪为15～20cm、育成猪25～35cm，另外每隔50～60d要彻底将垫料翻动一次，充分将上下垫料均匀混合。

2. 疏粪管理

在空间足够的前提下，猪具有定点排泄粪尿的特性，在生物发酵床上，粪尿常集中在一个角落里，会造成该地方的“食物”过量，微生物无法快速分解、消化，同时发酵床的其他地方没有粪尿供给，致使微生物无法大量繁殖，影响发酵床的整体发酵效果。因此，当看到粪尿堆积在一个角落过多时，要进行疏粪管理，通常保育猪要2～3d进行一次疏粪，中大猪应每1～2d进行一次疏粪。做法是在发酵床面的不同地方挖30cm以上的坑，将粪便埋到里面。

3. 水分调节

生物发酵床的垫料既不能过湿，也不能过干，水分应保持在45%左右。水分过多，容易使发酵床的底部腐烂；水分不足，微生物的繁殖会受阻甚至停止繁殖或死亡，水分不足还容易使床面起灰尘，引起猪只呼吸道疾病。因此要留意发酵床的水分，并进行调节，常规的补水方式可以采用加湿喷雾补水，也可结合补菌、补营养液时补水。

4. 菌种管理

维护生物发酵床正常微生态平衡，是保持粪尿被持续分解的重要手段。因此，要密切注意发酵床的微生物发酵情况，当发酵比较缓慢，有大量猪粪没有被分解时（比如被埋下的猪粪没有完好分解），要及时向发酵床喷洒菌种。

5. 垫料补充与更新

垫料会随着粪尿的分解和猪只的拱食而逐渐减少，因此也要及时向发酵床补充新的垫料以保持发酵床的分解能力。通常在减少达到10%时就要及时补充，新料和旧料要充分混合以达到菌种分散均匀，同时调节好水分。生物发酵床垫料的使用是有年限的，当垫料达到使用期限后，必须将老旧垫料彻底清出，重新放入新的垫料。由于旧垫料经过多年的使用，会积累大量的矿质金属元素和一些有害物质，须按照生物有机肥的要求调节垫料成分，达到无害化后再作为生物有机肥。

二、禽类生物发酵床的制作（以鸡/鸭为例）

（一）配料

发酵床主要由有机垫料组成。垫料主要成分是锯末（经过防腐处理的不可用）、树皮木屑碎片、粉碎秸秆、木屑、稻壳（或稻壳粉）、玉米芯、花生壳、干草粉（切成5cm左右小段或碎片）、土和少量粗盐、益生菌液等。垫料占90%，其他10%是土和少量的粗盐。鸡/鸭舍填垫总厚度约40cm，秸秆可放在下面，然后再铺上锯末。土的用量为总材料的10%左右，要求是没有用过化肥农药的干净泥土；盐用量为总材料的0.3%；发酵床益生复合微生态制剂每平方米用0.5kg左右（放等量的红蔗糖详见使用手册），将菌液、稻壳、锯末等按一定比例混合，使总含水量达到25%左右（注意：干材料也应含水超过10%，用手紧握材料，手指缝隙湿润，但无水滴出）。

以20m^{2}的发酵床鸡/鸭舍（厚度标准为40cm）为例：鸡/鸭舍填垫总厚度约40cm，每平方米约需垫料70kg。面积为20m^{2}的鸡/鸭舍，约填垫料1400kg。土的用量为总材料重量的10%左右，约140kg，要求是没有用过化肥农药的干净泥土；盐用量为总材料重量的0.3%，约4.2kg左右；发酵床益生复合微生态制剂为1m^{2}0.5kg，20m^{2}为10kg。所需垫料具体以压实最终30～40cm为准。

（二）发酵床制作的“五步法”

第一步，把稻壳或玉米秸秆（把很细的部分去掉、切成5cm左右小段或碎片）铺上20cm厚度，再铺20cm厚度的锯末，最好还能撒上一些铡成10cm长的稻草。

第二步，撒上食盐、土和一点玉米面与麸皮。

第三步，按0.5kg红糖配一瓶菌液的量，用温水将红糖化开，加入菌液，制成稀释液放在一边。

第四步，在每桶清水中加入一点稀释液，然后均匀泼洒到发酵床上。建议操作时将鸡/鸭舍划分为几个区域分开操作，稀释液也分几次配置，然后兑水一遍遍的泼洒，每洒一遍都观察一下湿度，决定下一遍放入多少稀释液。这样，稀释液用完，湿度也基本到位，很好地掌控了建床时要求的湿度——用手紧握材料，手指缝隙湿润，但无水滴出。

第五步，气温低时用麻袋或者塑料膜盖起来。夏季发酵5～7d，冬季发酵8～10d。就可将养殖对象放入饲养了。发酵床自然发酵后以床表面布满白色蛋白菌丝为最佳。

（三）发酵床的管理及注意事项

大家都知道的，再好的东西也要科学合理的用法，生物发酵床也不例外。

1．发酵床面的干湿

发酵床面不能过于干燥，一定的湿度有利于微生物繁殖。如果过于干燥不仅妨碍益生菌的正常繁殖和作用，还有可能导致引发鸡/鸭呼吸系统疾病。可定期在床面喷洒益生复合微生态制剂菌液稀释液（每月定期一次）。床面湿度必须控制在25%左右，水分过多应打开鸡/鸭通风口调节湿度，过湿部分及时清除。

2．驱虫

禽类进入发酵床前最好用相应的药物驱除寄生虫，防止将寄生虫带入发酵床，以免鸡/鸭在啃食菌丝时将卵再次带入体内而发病。

3．密切注意益生菌液的活性

养殖舍最好要定期喷洒益生复合微生态制剂菌液稀释液，以保证发酵能正常进行，这样精心养护的发酵床就能够维持好多年，最长能够使用10多年。

4．控制饲喂量

鸡/鸭的饲料喂量应控制在正常量的80%。当垫料减少时，要适当补充。最好采用益生复合微生态制剂菌液发酵饲料饲喂，进一步增强有益微生物的数量和活性。如垫料面较结实时，应翻松，把表面凹凸不平之处弄平。鸡/鸭全部出栏后，最好将垫料放置干燥2～3d，将垫料从底部反复翻弄均匀一遍，看情况可适当补充益生复合微生态制剂菌液稀释液。过几日即可再次进鸡/鸭饲养。

5. 禁止化学药物

鸡/鸭舍内禁止使用化学药品和抗生素类药物，防止杀灭和抑制益生菌。否则会使益生菌的活性降低。如果万一发生病情需要用兽药，则在恢复后适当补充益生复合微生态制剂菌液稀释液。

6. 通风换气

如圈舍内湿气大，必须注意通风换气，排除过多的湿气。

第五节　山西博亚方舟生物科技有限公司生物发酵床应用实践案例

一、生物发酵床技术及菌剂产品简介

山西博亚方舟生物科技有限公司生物发酵床专用菌剂是经公司研发团队多年研究而成的最新成果。菌剂采用中国农业部菌种保藏中心严格筛选的双歧杆菌、酵母菌、乳酸菌、纳豆菌、光合细菌等多种有益微生物，经多菌种复合发酵而成为。生物发酵床专用菌剂具有以下特点：

（1）活菌数含量高。各组成菌种的有效活菌数含量高，为产品的高功效打下坚实的基础。

（2）菌体活性强。菌体个体的生命活力强、生长繁殖旺盛。强壮的菌体个体保证了其进入使用环境后的成活率，保证了产品的良好功效。

（3）微生物的分解能力强，并且发酵性状稳定。对禽畜粪便等作用底物有优秀的分解能力。而目标性状具有高度遗传稳定性，子代与亲代的目标性状一致，这就保证了产品效果的长效与稳定。

（4）含有独特的耐高温菌株，极大地增强了对禽畜粪便的发酵

能力。

(5) 含有独特的抗病原微生物菌株，其本身生命活动和代谢产物对多种病原菌均有抑制和杀灭作用。在实际使用中能够有效降低禽畜的发病率。

二、生物发酵床在肉鸡养殖中的应用案例

1. 应用案例1

试验时间：2012年4月23日。

试验地点：宁国市奕盛力农业科技有限公司。

试验材料与方法：选取仔鸡50只在铺有生物发酵床鸡舍中养殖30d。

试验结果：鸡舍空气干净无恶臭，鸡只生活环境优越。试验期内没有用药，鸡只无一生病，采食旺盛，活力旺盛（图4−1）。

图4−1 生物发酵床在肉鸡养殖中的应用案例1

2．应用案例2

试验时间：2012年6月7日。

试验地点：黄山逸竹农庄生态养殖园。

试验材料与方法：选取仔鸡30只在铺有生物发酵床鸡舍中养殖45d。

试验结果：鸡舍空气干净无恶臭，鸡只生活环境优越。试验期内没有用药，鸡只无一生病，采食旺盛，活力旺盛（图4-2）。

图4-2 生物发酵床在肉鸡养殖中的应用案例2

第五章　生物饲料发展前景展望

第一节　生物饲料的安全储藏

饲料储藏是饲料加工厂的重要组成部分之一，饲料储藏包含饲料原料的储藏，饲料成品的储藏、发放、运输及养殖场饲料的储藏。因此，饲料加工厂的饲料储藏是饲料加工厂为养殖场提供优质产品的重要部分。饲料储藏的好坏直接影响到饲料加工厂成品的质量、声誉和经济效益，亦影响到养殖场的养殖效果及经济效益。饲料安全储藏是确保饲料原料和成品在储藏期内品质变化最小、营养损失最少，确保饲料的新鲜度和不使饲料分级、污染及交叉污染的过程，使饲料原料和成品的品质处于有控状态。

第二节　发展生物饲料的意义

一、发展生物饲料符合环境保护的需要

众所周知，饲料被动物摄入后，各种营养成分不可能完全被动物吸收利用，没有被动物吸收的成分将随粪便排出。动物对各成分的利用率越高，则排泄物中的含量就越低，对环境的污染就越少。因此，为了保护环境，营养学家在设计配方时，不是简单地进行一些动物营养平衡的设计，而是在配方设计中还要考虑以下几方面内容：①控制臭味的环境污染；②改善和控制氮（N）的环境污染；③改善和控制磷（P）的环境污染；④改善和提高饲料消化率，减少养分损失；⑤改善饲料卫生。

二、生物饲料符合人类对保健食品的需求

21世纪，人类的保健食品将是安全、无污染、无残留、丰富多

样并具备低脂肪、低蛋白质、低热量、多纤维和有预防疾病的成分等优点。动物性食品的安全，首先是饲料的安全，因此，饲料本身的安全是生产肉食品的基础。生物饲料由于其自身的安全性，使人类食品的安全得到了保证。

三、生物技术的高速发展促进了生物饲料的发展

近二十年来，生物技术得到了突飞猛进的发展，对微生物的分离、纯化、诱导技术越来越完善，具有安全性的已知微生物种类越来越多，用于饲料的效果越来越好，保证了生物饲料品种系列化。

四、生产生物饲料是饲料企业提高竞争力的需要

高科技技术的及时应用，将是今后饲料企业争夺市场的主要手段之一。生物饲料能有效地提高畜禽对饲料原料营养物质的消化吸收与利用，不但扩大了饲料原料应用的范围，缓解了饲料原料紧张的问题，而且更有助于降低饲料成本，增强饲料企业的竞争力。

21世纪的饲料将是一个严格要求产品质量，并且具有成本低、利润高，强调安全、清洁和环保意识的饲料。生物饲料由于其本身的特性，将在降低营养物质的排泄量、提高其消化利用效率、节约财力与人力方面起到重要作用。

第三节　生物饲料存在的问题

生物饲料在欧盟等许多国家已被广泛使用，生物饲料也在中国悄然兴起，而且在预防断奶仔猪或其他幼龄动物腹泻、提高采食量和日增重方面也已取得了显著的效果。然而，其在实际应用中还存在一些问题。

一、菌种保存问题

微生物在制作中的培养、干燥、分装、保存过程和加工中的高温、机械、制粒等过程都有可能减少微生物的活性。因此，选择一种经济又有效的微生物发酵饲料的生产、运输、储存方法对于推广发酵饲料使用有着重要意义。

二、产品标准问题

由于微生物发酵产生众多的代谢物质，对于其中有效成分研究缺乏，对微生物发酵饲料的品质难以鉴定，阻碍了其进一步发展。因此，建立完善的行业检测标准和检测方法十分必要。

三、生物饲料的效果不稳定

由于各种生物饲料的菌种组合、筛选、培育方向和方法的不同，生产水平、动物种类以及饲料加工、储存、饲喂条件等因素的差异，生物饲料的应用效果差异较大，难以获得稳定、一致的效果。因此，进一步筛选合适的微生物，深入研究生物饲料的有效成分，并对其适用动物种类以及剂量进行深入研究十分必要。

四、饲料转化率低

湿拌饲料会使饲料转化率降低，但从营养代谢的研究中获知，仔猪利用发酵湿拌饲料的效率应高于干饲料。为此，饲料转化率低是否与仔猪采食行为或食槽结构造成的饲料浪费有关，还需进一步研究。

五、发酵不良

人们在使用发酵湿拌饲料时的最主要问题也就是发酵效果不好。其原因可能是：①饲喂系统含有大量的杂菌；②原料中不含有适于发酵的菌或含量太低不足以抑制有害菌；③原料质量差异导致发酵失败（例如来自发酵工艺的饲料工业副产品会带来不相关的杂菌）；④氧气过多导致异体发酵物产生乙酸而不是乳酸（乙酸适口性差）；⑤温度过低导致酵母大量繁殖；⑥发酵设施因长时间使用而破旧损坏。

六、发酵过程受到限制

以下几种情况都有可能限制发酵过程：①发酵池温度过低或重新启动系统时添加冷水而导致“冷休克”；②发酵时间过短；③原料的酸碱度不适于发酵或原料中因添加药物而抑制了发酵。

七、生物饲料使用的安全性问题

正常微生物区系平衡打破后，有益菌微生物在特定情况下有可能变为病原微生物，如乳酸杆菌引起的临床感染。耐药性微生物携带并转移抗生素抗性基因，产生耐药因子的可能性，国内有研究人员在不同类的乳酸杆菌中发现了肠球菌的pAMb1质粒。微生物转基因过程中的某些不确定因素导致目的基因不能实现定向转移，从而带来宿主范围改变、非病原性转变成病原性菌株、毒性改变等负面影响。因此，微生物发酵饲料使用应充分考虑到动物安全、使用者安全、消费者安全和环境安全这几方面因素，严格的科学试验证明无害后才能广泛的推广应用。

第四节　生物饲料的发展前景展望

生物饲料作为一种新型饲料，在21世纪的作用已越来越引起饲料科技工作者的重视，因此，生物饲料将在21世纪有广阔的发展前景。在新经济时代供应链环境下，我国对饲料企业和供应商管理进行了初步探讨和研究，着重强调了应该建立原料战略模型和供应商管理工作，这其中对企业竞争能力和盈利能力影响最大的战略合作伙伴供应商又应该是关注的焦点。生物饲料无论在理论研究还是实践应用上都有很大的发展前景，随着供应链时代的到来，又赋予了它新的思想和内容，它是饲料企业新的利润来源，谁先去挖掘谁就取得了供应链竞争的主动权，这点对我国面对激烈竞争的饲料企业来说更加重要。只有抓住机遇，才能在竞争中立于不败之地。

微生物种类众多，资源丰富，开发潜力巨大，同时发酵原料来源广泛，特别是可以利用农产品废弃物，如各种农作物秸秆、糠、木屑、蔗渣、薯渣、甜菜渣及药渣等，通过微生物发酵，才能把大量的基质转化为有用产品，可以减少环境污染，同时又变废为宝，产品价格低廉，易于生产推广。为了生产质优价廉的发酵饲料，还需要研发一些规模较大，自动化程度较高的固体发酵设备，不断发掘新的微生物饲料菌种和改良现有的菌种，特别是纤维素酶、淀粉酶、蛋白酶等酶类对发酵饲料很重要，因此筛选此类重要酶制剂的菌种是微生物发酵饲料的重点。尽管目前微生物发酵饲料存在一些问题，但是随着人们对其研究的进一步深入，这些问题都会得到很好的解决，其作为抗生素和蛋白的替代品，以及带来的社会效益与经济效益，在饲料工业中必将受到更大重视。

可以预见生物饲料在未来有几大发展趋势：

（1）向高效、专一制剂发展。研究针对特定动物、特定阶段、特定疾病的微生物饲料添加剂，使其作用更专一，效果更显著。利用先进的生产工艺快速地对某种微生物进行大量的纯培养。

（2）微生物初级和次级代谢产物的发酵生产，如生产氨基酸、抗生素等生理活性物质。从微生物中分离有用物质，如利用微生物以一些廉价的废弃物作为底物生产单细胞蛋白质等。

（3）开发利用肠道其他优势菌群。除目前使用的部分生理性细菌作为生产菌种外，尚有许多优势原籍菌群未得到开发利用，如拟杆菌、优杆菌、消化球菌等。它们与动物的生理代谢紧密相关，随着技术水平的提高、研究的深入，必将利用这些菌的特点，开发出更有利于动物健康的新型微生物饲料添加剂。

(4) 利用现代化的手段对微生物加以筛选和改造，以形成更符合工业生产需要的新菌种。应用基因工程、细胞工程的一些内容，经过筛选和改造，满足人们需要的微生物菌种的需求。向工程菌领域发展，如通过对一些优良菌种的遗传改造，导入有用基因，如抗原基因、抗体基因等，使微生物饲料添加剂在肠道内就能产生某种传染病病原的免疫保护蛋白，既省去体外生产的复杂工业化过程以及疫苗的注射程序，又同时完成抗病育种工作，使其终身免受某种传染病病原的侵袭。随着具有特殊功能工程菌的出现，必将推动微生物饲料添加剂向更高的水平发展。

(5) 加大对发酵工艺的研究，减少发酵的成本，提高发酵产物的发酵率。应用新的科技手段，对发酵的下游产品进行再利用，以提高微生物饲料添加剂的市场竞争力。

当前我国农业正处在大调整和大发展的关键时期，农产品消费也处在大变革和大市场的崭新阶段，实现饲料工业持续发展的有利条件比较多，特别是从我国饲料资源和饲料市场分析，从政策层面分析，实现新世纪、新阶段饲料工业更大的发展是可能的。经过全行业的共同努力，在各级党委、政府的支持和推动下，我们相信，实现饲料工业“十·五”计划和2015年远景目标是大有希望的。

附件 山西博亚方舟生物科技有限公司简介

山西晨雨企业管理集团有限公司位于太原市高新技术产业开发区，是集科、工、贸、农为一体的大型集团性公司。公司产业涉及基因芯片、微生物研发、房地产、煤炭能源、农资肥料、金融等多个行业。下辖山西晨雨科技开发连锁经营有限公司、山西晨雨晋中肥业有限公司、山西博亚方舟生物科技有限公司、山西晨雨富农科技开发有限公司、山西晨雨研究院、山西福祥和实业有限公司等十几家企业。

集团核心产业之一农资肥料具备了年产25万吨晨雨复混肥料，年产10万吨生物有机肥和年产5万吨微生物肥料的生产规模，企业拥有国际先进、国内领先水平的研发团队和科技成果。2006年被山西省农业厅列为《配方肥生产定点企业》；2013年被农业部列为《配方肥农企对接指定生产企业》全年销量达几十万吨的大型测土配方肥生产企业。

公司以“全心全意地为农民服务”的经营理念为宗旨，通过了ISO9001质量管理体系认证和ISO1400环境管理体系认证。先后被评定为《高新技术企业》、“AAA级信用度企业”、“山西省科普惠农十佳农资企业”、“山西省质量信誉AA级标准”、“最受山西农民欢迎的产品”、“山西名牌产品”、“山西省著名商标”等荣誉称号。

山西博亚方舟生物科技有限公司是集团的另一核心产业，致力于微生物应用技术研发和生产力转化，属国家重点发展的七大新型战略产业。拥有国内领先的微生物应用技术专家和科研团队，掌握着国内领先的微生物应用技术。

目前公司拥有四项微生物国家发明专利，即将申请的微生物发明专利技术十项。博亚方舟的企业使命为：打造人类史上最安全粮食生产的微生物肥料技术；打造人类史上最安全畜、禽、水产品养殖的微生物饲料技术；打造修复人体亚健康和疾患的微生物保健饮品技术；打造具有卓越天然美容功效的微生物面膜技术；打造净化水质微生物过滤技术；打造把农业面源污染的有机废弃物变废为宝的微生物转化技术；打造对荒漠化、盐碱化土地修复复耕的微生物治理技术；打造以生物固氮取代氮肥使用的微生物固氮技术；打造将农作物秸秆等进行人、畜分粮处理的微生物发酵技术。

随着一项项微生物技术的生产力转化，必将为我国的国计民生做出重大贡献！